河南省高等学校重点科研项目计划（NO.24A520033）

基于生物光子的储藏小麦新陈度检测方法研究

巩跃洪 著

内容提要

本书围绕数据采集、特征提取、模型构建三个要素，全面系统地介绍了生物光子信号的采集方法、特征提取方法以及分类检测模型构建方法，并结合小麦新陈度分类模型的实际应用案例介绍了上述方法的使用步骤及应用效果，让读者能够更好地了解生物光子检测方法的应用场景和价值。本书适合作为高等学校数据科学与大数据技术、人工智能、光学等专业高年级本科生和研究生的教学参考书，也可作为需要利用光子信号和深度学习网络进行业务分析和管理决策等相关工作人员的参考书。

图书在版编目（CIP）数据

基于生物光子的储藏小麦新陈度检测方法研究 / 巩跃洪著. -- 上海 : 上海交通大学出版社, 2025. 3.

ISBN 978-7-313-32274-6

Ⅰ. S512.109.3

中国国家版本馆 CIP 数据核字第 2025H6S536 号

基于生物光子的储藏小麦新陈度检测方法研究

JIYU SHENGWU GUANGZI DE CHUCANG XIAOMAI XINCHENDU JIANCE FANGFA YANJIU

著　　者：巩跃洪

出版发行：上海交通大学出版社　　地　　址：上海市番禺路 951 号

邮政编码：200030　　电　　话：021-64071208

印　　制：定州启航印刷有限公司　　经　　销：全国新华书店

开　　本：880mm×1230mm　1/32　　印　　张：7.75

字　　数：165 千字

版　　次：2025 年 3 月第 1 版　　印　　次：2025 年 3 月第 1 次印刷

书　　号：ISBN 978-7-313-32274-6

定　　价：88.00 元

前　言

生物光子学是由生命科学和物理科学这两者交叉融合所形成的一门新兴交叉学科。近年来，该门学科逐步兴起，它不仅拓宽了人们的视野，加深了人们对客观世界的认知，而且给人们利用超微弱信号探测生物体生命状态提供了一种新思路。

生物光子辐射是自然界中生命体普遍存在的一种复杂生命现象，它广泛存在于动物、植物、微生物等生物系统当中。大量实验证明，生物系统属于一种典型的开放系统，不断与外界环境进行着物质、能量和信息的交换。外界环境对生物系统进行着不间断的泵浦或者耗散，使生物系统处于一种远离热平衡的状态。事实上，处于远离热平衡状态的生命物质的高能态拥有较多的分子布居数，高能态的分子在向低能态跃迁过程中会释放出能量，这种能量称为生物光子。而回到低能态的分子在外界环境作用下又可跃迁到高能态，并再次辐射出生物光子。因此，生物光子可以看作生命活动的一种能量“损耗”。从量子学的观点来看，生命系统的任何内部变化，都会引起系统微观能级的改变，进而表现为生物光子辐射的变化。目前，生物光子辐射已被发现与众多生命过程息息相关，如细胞分裂、受精卵发育、光合作用、机体病变或者凋亡等；除此之外，生物系统所处环境的变化也会引起系统的物质、功能、状态等方面的改变，并表现为生物光子辐射的变化。鉴于此，利用生物光子的特征（强度、光谱、光子空间分布、光子统计特性等）来反演生物系统内部变化或外界环境对其影响程度，是一个从量子测量到宏观分析的过程，其灵敏度是毋庸置疑的。前期的大量研究表明，超微弱信号探测和分析能够揭示生物系统内部的细节变化或展示外界环境的微弱影响。

本书的主要目的是系统阐述生物光子辐射的各种机理及

其在判定小麦新陈度中的应用研究。首先，本书介绍了生物光子信号的起源、发展及应用现状（第 1 章），介绍了生物光子辐射机理、光子信号测量系统工作机理、小麦样本制备及光子信号测量、光子信号预处理（第 2 章）；其次，本书给出了一种基于自发光信号的小麦新陈度检测模型（第 3 章），以及一种基于延迟发光信号的小麦新陈度检测模型（第 4 章）；最后，本书提出了一种基于光子信号的多通道小麦新陈度检测模型（第 5 章），介绍了基于光子信号的小麦霉变检测方法（第 6 章），为读者利用生物光子信号判定小麦新陈度提供了一种全新的思路和方法。从第 3 章开始，各个章节内容相互独立，读者可以根据自己需求选读。此外，为了便于读者理解，本书还对每一种检测模型中如何提取特征向量、分类模型选择、分类结果比对等进行了深入分析。

本书在整个研究和撰写过程中得到了平顶山学院博士科研启动基金项目（编号：PXY-BSQD-2023018）、河南省科技攻关项目（编号：242102241061，252102240118，252102320298）、河南省高等学校重点科研项目（编号：24A520034）、河南省国际科技合作项目（编号：242102521023，252102521077）、河南省大气细颗粒物（PM2.5）分子多维拓扑及致癌特性分析国际联合实验室、河南省健康医疗应用大数据发展创新实验室、河南省道路交通安全智能分析工程技术研究中心、河南省多模态数据智能分析与道路交通安全工程技术研究中心、平顶山市大数据技术及应用重点实验室、平顶山学院图计算与大数据技术及应用创新团队以及河南面子面食品有限公司和平顶山市相杰实业有限公司的大力资助或支持，特此表示感谢。同时，感谢崔梦琪和赵紫瑞两位同学对本书的最终校稿。

由于时间仓促，笔者水平有限，书中存在的不足之处，敬请广大读者批评指正。

目录

第1章　生物光子信号概论

1.1　生物光子简介

发光是自然界中存在的一种普遍现象，然而直到 19 世纪末，人们对光的研究才开始深入，并对发光原理有了本质的认识。

物体在同温度下，把本身热辐射或者多余能量以光的形式辐射出去，且辐射周期远超光学光谱波段范围内的辐射周期，这种光辐射现象称为发光。从物质的微观层面结构来看，所有物质都是由分子和原子构成的，而原子又由原子核及核外高速运动的电子组成。原子通过不同类型的结合构成分子，因此分子内部存在着复杂的电子运动。除此之外，物质内部还存在构成分子的诸原子之间的振动和分子整体的转动。分子的不同电子运动状态、振动状态和转动状态分别对应不同的电子能级、振动能级和转动能级。若用E_e、E_v和E_r分别表示上述三种运动状态的能量，则分子的能量（E）可表示为$E=E_e+E_v+E_r$。在E的所有可能状态中，总会找到一个状态的能量最低，习惯上称该状态为基态。而其他状态均具有高于基态的能量，习惯上称其为激发态。

萤火虫发光是人们用肉眼可观测到的一种生命现象，

它属于高强度的生物发光，并广泛存在于细菌、真菌、昆虫、鱼类等许多有机体中，但在高等动植物中并未发现生物发光[1]。

生命体内部分子在吸收足够的能量后就会从基态跃迁至激发态，处于激发态的分子由于性能不稳定，必须向低能态跃迁，并在此过程中释放出生物光子；而回到低能态的分子在外界环境泵浦作用下又可跃迁到高能态，并再次辐射出生物光子（见图 1-1）。因此，生物光子可以看作生命活动的一种能量“损耗”。

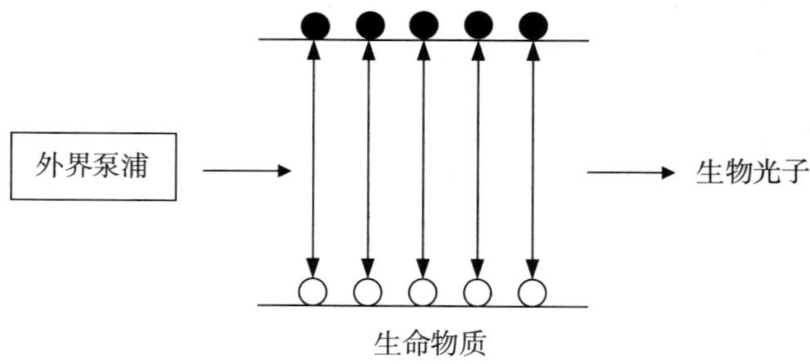

图 1-1　生物光子产生的微观机制

1.2　生物光子检测方法及其优势

1.2.1　生物光子检测方法

超微弱发光（Ultra-weak Luminescence, UWL）是自然界中的生物体普遍存在的一种生命现象，辐射出的光子信号与生物体的新陈代谢、细胞分裂、细胞老化和凋亡等诸多生命活动紧密相关，通过对光子信号的研究可以准确获知机体自身生命状态信息，因此基于生物光子的检测方法应运而生。与其他检测方法不同，生物光子检测方法能够提供被测样本的整体生物学信息，进而灵敏地反映生物体内部状态变化或外部环境的影响程度。生物光子检测方法凭借其快速、灵敏、无损等优点最早被应用于医学研究领域，如医疗信息诊断[2-3]、脑神经活动研究[4]、中草药药理特性研究等方面[5]。

在农业生产领域，生物光子检测方法主要应用于种子发芽状况评估、种子类别判定及各种农作物的生长环境因素分析等方面。Perveen 等[6]基于超微弱自发光信号实现了对玉米种子发芽状况的准确评估。Liang 等[7]基于超微弱自发光信号并结合功率谱特征分析实现了对四种类型小麦的准确判定。Komatsu 等[8]利用大豆幼苗超微弱自发光信号分析了各种环境因素对其生长所产生的胁迫作用。

在储粮品质检测方面，关于生物光子检测方法的应用研究起步较晚，主要集中在蛀食性害虫检测方面。Shi 等[9]提出了一套基于生物光子的小麦籽粒蛀食性害虫检测方法，该方法能有效区分害虫蛀食籽粒与健康籽粒，检测准确率可达 95%。Duan 等[10]将排列熵算法应用到小麦害虫蛀食粒和健康粒的生物超微弱发光信号分析当中，并利用 BP 神经网络构建分类检测模型，分类准确率可达 90%。Qiao 等[11]基于超微弱自发光信号并结合互补集合模态分解算法分别对害虫蛀食小麦籽粒和健康小麦籽粒进行频谱特征分析，实现了对两类小麦的准确判定。

鉴于生物光子在储藏小麦蛀食性害虫检测方面的研究经验，生物光子技术也可作为检测小麦籽粒其他储藏品质的一种有效手段[12]。Hu 等[13]探索性地基于超微弱发光建立了一套虚拟检测平台，实现了对三个年份小麦新陈度的识别。普拉丹（Pradhan）等[14]提出将深度学习方法应用于生物光子信号分析的构想，涉及领域包括图像分类、图像分割、图像配准、光谱数据处理等。综上所述，UWL 和延迟发光（delayed luminescence，DL）技术能够作为一种简单、准确、无损的检测手段用于判定储藏小麦的新陈度。

1.2.2　生物光子检测方法的优势

粮食不仅是人类赖以生存的必需品，也是关系国家经济和社会安全的重要战略物资。对于人口超 14 亿人的我国而言，必要的粮食储备对社会稳定和发展起着举足轻重的作用。十八大以来，以习近平同志为核心的党中央始终把粮食安全作为治国安邦的头等大事，相继提出“确保谷物基本自给、口粮绝对安全”“粮食安全是国家安全的重要基础”“对粮食安全不能有丝毫松懈”“保障好初级产品供给是一个重大战略性问题，中国人的饭碗任何时候都要牢牢端在自己手中，饭碗主要装中国粮”等一系列新的粮食安全观，饱含着总书记对端牢“中国饭碗”的殷切期望。目前，我国经济和社会发展始终保持相对稳定，其中粮食安全储藏和稳定供给功不可没[15]。

保证粮食安全涉及育种、耕种、收割、运输、储藏、加工和销售等粮食生产和全流通的各个环节[16-17]。其中，粮食的质量标定是贯穿这些环节的支撑主线之一。2019 年 3 月，我国全面启动全国政策性粮食库存数量和质量大清查工作，这次大清查工作对于粮食库存质量提出了新要求（储藏品质和食用品质同时检验）。这充分说明，国家在强调保证储备粮“数量真实”的同时，把“质量良好”提升到很重要的高度。然而，粮食从收割到加工环节一般需要经历一个较长的储藏期。在这一期间，由于粮食自身呼吸作用、新陈代谢活动及环境条件的影响，粮食籽粒会不断地发生各种物理和生化变化，主要表现在籽粒的新陈度由新到陈、生命活力减弱、食用和加工品质下降，甚至发生品质劣变等方面。因此，对粮食新陈度的检测就显得尤为重要。

小麦以其优良的耐储藏和耐热特性，历来被世界各国作为一种主要战略储备粮。和其他生命体类似，收获后的小麦籽粒虽已脱离母体植株，但其生命活动并未就此停止，在后续储藏过程中仍需进行新陈代谢活动以维持自身生命力，造成储藏小麦在数量上有一定程度的损失，在质量上有所下降。此外，随着储藏时间的延长，小麦籽粒自身品质会发生较大变化，主要反映在小麦籽粒的物理指标、组织结构、化学组分及生理指标等方面，这些变化直接导致小麦籽粒食用和后续加工品质变劣[18-20]。因此，适时推陈储新是保障储藏小麦数量和质量的有力举措，对储藏期间符合“陈化粮”或“不宜存”指标规定的储藏小麦需及时轮换，而新陈度则是判定小麦是否宜存的关键性指标。此外，在小麦入库前和后续加工前对其新陈度进行准确判定是保障其储藏和加工品质的重要环节。然而，对于我国这样一个长期储粮大国，由于各地小麦的生产过程和储存条件差异显著，加之某些不良的人为因素，产后小麦新陈度检测问题复杂化，同时更加突显了解决这一问题的重要性和紧迫性。为了确保小麦储藏安全和品质良好，指导小麦科学合理轮换，国家颁布了《小麦储存品质判定规则》（GB/T 20571—2006）国家标准（以下简称“国标”）[21]。

按照国标相关规定，对小麦宜存与否的判定主要依赖于感官鉴定法，此种检测方法易受检测者个人主观经验影响，判定结果因人而异且误差较大；同时储存品质指标只涉及判定小麦是否宜于储存，很难划定一个标准作为小麦新陈度的判定依据[22]。

目前，人们对新陈小麦检测的思路大致可分为两类：直接检测和间接检测。直接检测的思路就是小麦制粉后以营养成分和主观品尝评价相结合的方式进行检测，国标规定中使用的感官鉴定法就属于直接检测。通过对大量研究成果的总结可知，对小麦新陈问题的研究大多沿袭了第二种间接检测思路。传统间接检测方法中较为常用的是通过检验小麦籽粒的生活力指标——发芽率来评价小麦新陈度。虽然发芽率从总体趋势上随储存时间的延长而降低，但发芽率测定时间过长，与储存时间的量化对应关系存在较大随机性，用于评价小麦新陈状态的可行性较弱。此外，其他间接类检测方法均存在一定的局限性：①预处理过程复杂，检测时效性较差；②具有破坏性，造成不必要的二次浪费；③某些方法检测过程随机性偏大，无标准化检测工况；④物理类的检测方法尚处在起步研究阶段，而已有的生化类检测方法大多只是小麦局部生命物质状态或组分的指标检测，目前检测效果均不太理想，技术上还有待进一步改进和完善。

大量理论和实践证明，小麦籽粒作为一种有生命的、非刚性的胶体颗粒，具有复杂的物理和生物学特性；作为一个有机整体，其各种指标特性间是相互关联的。这就决定了小麦储存期间的新陈变化本质上是一个过程性现象，各种指标变化之间是相互耦合而非独立的关系。换言之，

内外因素的耦合作用综合决定了小麦籽粒的整体生命状态。然而，目前已有针对单独指标的检测方法还不能完全反映小麦新陈度。在当前综合、完整信息的快速检测需求下，新的间接检测方法亟待研究，本书所有研究工作也是受该思路的启发而展开的。在实际储藏过程中，产后小麦的劣变是指在一定储存条件下，因储藏时间超限而导致小麦食用或加工品质下降的现象。因此，在一定储存条件下，对小麦新陈的检测问题就可转化为其等效生产年份的标定问题（等效生产年份这里特指标准的安全储存条件下标识的生产年份）。如能选取一种与等效生产年份强相关的小麦品质指标，则可以间接标识小麦的新鲜程度。经前期调研和对大量文献的总结发现，对于该问题的研究，研究者关注的新陈指标本质上均与小麦籽粒的活性、生活力、组分变化等具备较强关联性。受此启发，本书认为可将小麦等效生产年份的标定问题在一定程度上等价于对小麦新陈度的综合度量问题。因此，本书接下来将以小麦新陈度为基点开展后续检测方法研究。

20 世纪 20 年代，俄罗斯生物学家葛威区（Gurwitsch）利用生物探测器观测洋葱根部细胞有丝分裂时，意外发现一种奇特现象——洋葱根部细胞能辐射出微弱的紫外光，这种光会刺激其他细胞加速分裂。随着弱光电探测技术的进步和光电倍增管的诞生，有学者发现并证实生物光子辐射（biophoton emission, BPE）是生物体表现出的一种普遍生命现象，广泛存在于各种动植物、藻类及微生物系统之中，并与生物系统的新陈代谢、光合作用、细胞分裂等诸多生命活动息息相关[23-25]。生物光子的典型光谱范围为 200 nm ～ 800 nm，此范围内生物光子辐射的谱线基本上是连续的。生物光子辐射强度定义为被测生物样本每秒平方厘米（s · cm^2）表面所辐射出的光子数量，典型辐射强度为 10 ～ 10^4 光子 [counts/（s · cm^2）]，这种强度远低于生物发光和化学发光强度。BPE 可分为自身光子辐射和光诱导产生的光子辐射，其中自身光子辐射也称为超微弱发光（UWL）或者自发光（spontaneous luminescence, SL）；光诱导产生的光子辐射称为延迟发光（DL），是生物系统受到外界光源（白光或单色光）激发后表现出的一种弛豫动力学行为，且辐射强度遵循特定的双曲函数衰减趋势。大量实验证明，UWL 和 DL 对生物系统自身生理变化及外界环境变化具有高度敏感性，它们都可以作为一种灵敏的指标来探测生物体自身生理状态变化或外界环境对其生命活动的影响程度[26-27]。

与传统检测分析方法不同，生物光子检测技术能准确反映出待测样本内部变化的生物学效应信息，并具备以下几种优势：一是极高的信息容量和快速响应能力；二是较高的灵敏度；三是较好的空间和时间分辨率；四是对待测样本的生命状态实时检测、安全无损；五是对待测样本无须特殊预处理。目前，生物光子检测技术凭借上述独特优势已经被广泛应用到各种研究领域[28-30]。

新陈度是衡量储藏小麦品质的一项重要评价指标，对其进行快速准确检测，不仅关系着小麦收购和加工企业的切身利益，而且能为粮库管理人员对小麦入库管理和库存小麦适时轮换提供决策依据。鉴于此，本书基于小麦生物光子信号，结合时间序列分析和特征提取方法、统计分析理论、深度学习网络，对不同新陈度小麦样本的生物光子信号进行采集、数据预处理、特征提取、分析和建模，从

机理上挖掘光子信号与小麦新陈度之间的关联性，整个过程具有极高的理论和实用价值，主要体现在以下几个方面。

（1）提出一种新颖的、绿色的主动检测小麦新陈度理念。充分利用和挖掘小麦生物光子信号数据，从微观层面上分析不同新陈度小麦样本和其生物光子信号之间的规律，并通过光子信号解读出小麦样本所处的新陈状态，对保障小麦安全储藏和其后续加工食用品质具有重要的经济意义。

（2）在构建基于光子信号的小麦新陈度检测模型过程中，首先从 UWL 和 DL 信号产生机理上诠释了使用两种信号对小麦新陈度进行检测的可行性和可靠性，并对采集光子信号的实验工况进行了标准化。其次，在对小麦样本光子信号进行特征提取和特征表示方面，本书提出了自适应修正多尺度排列熵算法用于表示小麦样本 UWL 信号的时空复杂度；同时针对小麦样本 DL 信号可被双曲弛豫公式精确拟合的特点，本书采用了对拟合公式中所含参数的物理学意义进行拓展的新思路，用于表示 DL 信号的时域特征。再次，在构建小麦新陈度分类检测模型的过程中，本书分别引入了不同的深度学习网络对小麦样本光子数据进行有监督学习和模型测验：在基于小麦样本 UWL 信号的反向传播（back propagation, BP）神经网络中添加了前置高斯核，以加快网络的收敛速度；在基于小麦样本 DL 信号的双向长短期记忆（Bi-LSTM）网络中引入了沃什编码机制，对多分类目标任务进行拆分，以使整个检测模型具备纠错性能。最后，将采集到的小麦样本多维度光子信号按照激发光源类别划分为 7 个通道，并将每个通道中的信号分成延迟发光区段信号和近似自发光区段信号，而后对相应区段信号分别进行特征提取和模型训练，最终构建一套基于光子信号的多通道小麦新陈度检测模型，以进一步提高检测模型的分类准确率和泛化性能。上述检测模型的构建过程，在使用光学理念检测小麦新陈度方面具有重要的理论意义。

（3）本书虽然主要从小麦新陈度这一评价指标入手，但是所构建的模型对小麦其他储藏品质或其他储粮新陈度的检测同样具有重要的参考意义。

1.3 生化类和物理类小麦新陈度检测方法

1.3.1 生化类检测方法

目前，检测小麦新陈度的方法主要分为三大类：感官评判方法、生化类检测方法和物理类检测方法。其中，感官评判方法主要借助人体感官器官对小麦色泽、气味、食用品质等进行综合分析和评判，以达到判定小麦新陈度的目的。此种评定方法虽然操作简单，但是判定结果易受外界因素和检测者个人经验的影响，误差较大且可重复性和可信赖性较差。

传统生化类检测方法主要包括愈创木酚反应法、四氮唑盐染色法和酸度指示法。愈创木酚反应法是通过测定动物、植物和微生物体中的过氧化物酶特性来反映小麦新陈度的一种间接检测方法。小麦籽粒的过氧化物酶可直接催化过氧化物进行化学反应，在这种酶的作用下，愈创木酚被氧化生成红褐色的臭氧化产物，因此可通过臭氧化产物的颜色来判别小麦籽粒新陈度——颜色越深，麦粒越新鲜，反之亦然。何学超等[31]发现愈创木酚法对新收获的小麦显

色反应比较明显，特别是刚收获 2 个月内的小麦；同时发现该方法的显色和保色时间间隔较短，特别是对储藏时间差别不大的小麦样本很难通过氧化产物的颜色对其进行准确判定。随后，王业海等[32]利用愈创木酚法实现了对稻谷新陈度的测定，由于检测过氧化物酶活性时易受到其他因素影响，该方法的准确性和可重复性较差。四氮唑盐染色法所依据的基本原理是小麦籽粒的胚细胞在充分吸水后，籽粒内部的脱氢酶立即恢复活性，能够催化氯化三苯基四氮唑生成红色三苯基甲臜，三苯基甲臜相对稳定且很难扩散，可将小麦籽粒中的胚组织染成红色，而无生命活力或生命活力不强的小麦籽粒胚组织不发生染色反应或染色反应不明显。杨慧萍等[33]应用四氮唑盐染色法检测小麦新陈度时发现将实验温度由 35℃提升至 45℃时，可将整个检测时间缩短 10 min。四氮唑盐染色法的优点主要集中在显色明显、规律性强、操作方便、容易判断、能定量表示小麦新陈度等方面；该方法的缺点在于对待测小麦样本的预处理过程较长、检测时效性差，不能满足现场快速检测需求。酸度值一直以来都被用作衡量储藏小麦新陈度的主要指标。检测者主要根据小麦籽粒内部脂肪酸值随着储藏时间延长而逐渐增大的规律来判定小麦新陈度[34]。然而，由于储藏小麦籽粒的酸度值容易受其自身品质和储藏环境的影响，因此酸度指示法只能推断出小麦新陈度随储藏时间的变化趋势，而不能判定具体的储藏期限[35]。此外，酸度指示法的测定结果易受外部因素干扰，如溶剂浸没时间、过滤后溶液放置时间差及由人眼造成的滴定终点误差等。表 1-1 给出了上述三种传统生化类方法在检测小麦新陈度时的性能评价。

表1-1 传统生化类检测方法的性能评价

方法类别	平均检测耗时（不包括预处理时间）/min	测试准确率 /%	是否属于无损检测	是否属于绿色检测	存在的局限性
愈创木酚反应法	1 ～ 3	≥ 85	否	否	准确性和可重复性较差
四氮唑盐染色法	10 ～ 25	≥ 90	否	否	时效性差且只能检测 2 年内的新陈度
酸度指示法	10 ～ 15	—	否	否	不能判定出具体的储藏年份

1.3.2 物理类检测方法

物理类检测方法主要包括电子鼻技术、太赫兹技术和近红外技术。随着电子技术的迅速发展，电子鼻的出现为检测小麦新陈度提供了一种新思路。早在 19 世纪末，许多学者已开始专注于研究和探索各类化学传感器。到 21 世纪初，对各种化学传感器的研究无论在基础理论上，还是在实际应用中均取得巨大进步[36-37]。电子鼻概念是一种由化学传感器和模式识别算法组成的能识别待测样本单一或复杂气味的设备[38]。一般认为电子鼻是对人鼻或动

物鼻的模拟，因为两者拥有相似的工作原理，且遵循相同的识别顺序：气味感知、分析和判断。庞林江等[39]利用电子鼻并结合模式识别与神经网络算法，通过对小麦样本挥发性气味信号进行典型特征提取，最终实现了对小麦新陈度的识别，识别准确率可达 90% 以上。电子鼻技术的缺点在于基线容易漂移，同时传感器的灵敏性和稳定性有待进一步提高。太赫兹（terahertz, THz）是指频率在 0.1 ～ 10 THz（波长范围为 30 μm ～ 3 mm）的电磁波。太赫兹由于其在电磁频谱中处于一个特殊波段，具有瞬态、高穿透、宽带、相干、低能量等优良特点，非常适合用于分析小麦新陈度。葛宏义等[40]通过比较不同年份小麦样本在 0.2 ～ 1.2 THz 波段的光谱特性，利用折射率和吸收率的差异，实现了对四个年份小麦新陈度的检测分析。Wang 等[41]基于太赫兹技术引入偏最小二乘判别分析（partial least squares discriminant analysis, PLS-DA）算法，实现了对小麦新陈度的快速检测，准确率达到了 84%。太赫兹技术的缺点如下：①太赫兹设备昂贵、体积庞大、检测成本较高，所有检测只能在实验室内完成；②在对小麦样本进行检测时，小麦籽粒中的水分会对检测结果产生严重影响。近红外光（near infrared, NIR）是在吸收光谱中发现的第一个非可见光区域，其光谱范围为 780 ～ 2 500 nm[42]。随着计算机和信号处理技术的迅速发展，光谱信息提取和背景干扰问题得到有效解决，使得近红外技术在许多领域都得到了广泛应用[43-45]。近红外技术在粮食品质分析方面的应用主要包括化学危害检测[46]、转基因检测[47]和脂肪含量测定[48]等。2010 年，杨慧萍等[49]利用近红外光谱分析法对 6 个不同年份的小麦样本进行新

陈度测试，得出光谱谱带在 3 300 cm^{-1} 和 1 650 cm^{-1} 附近透过率随小麦储藏年份的延长而降低的结论。刘飞等[50]采用傅里叶变换红外光谱法对不同储藏年份的小麦进行研究，结果表明虽然不同年份小麦样本整体光谱特性呈现一定的相似性，但是在吸收强度比方面存在明显差异；同时，随着储藏时间延长，小麦样本的吸收强度比呈显著增加的态势。然而，近红外技术本身存在一定局限性：①近红外光谱信号较弱，在实际操作过程中对光的吸收能力较差；②近红外技术对构建模型的过程要求非常苛刻，一旦模型构建得不理想，分析结果将会产生较大偏差。表 1-2 给出了上述三种物理类方法在检测小麦新陈度方面的性能评价。

表1-2　物理类检测方法的性能评价

方法类别	平均检测耗时（不包括预处理时间）/min	测试准确率 /%	是否属于无损检测	是否属于绿色检测	存在的局限性
电子鼻技术	1 ～ 2	≥ 85	是	是	基线容易漂移且传感器的灵敏性和稳定性不高
太赫兹技术	≤ 1	≥ 90	否	是	设备昂贵、体积庞大、检测成本较高

（续　表）

方法类别	平均检测耗时（不包括预处理时间）/min	测试准确率 /%	是否属于无损检测	是否属于绿色检测	存在的局限性
近红外技术	1 ～ 2	—	是	是	光谱信号较弱，对光的吸收能力差

1.4　本书的主要研究内容及主要贡献

1.4.1　本书的主要研究内容

本书旨在研究不同新陈度小麦样本和其光子信号之间的内在关系，构建基于生物光子信号的小麦新陈度检测模型，主要研究内容如下。

（1）分析并标定小麦样本光子信号的环境因素及样本信号的精准采集。针对小麦样本光子信号易受外界环境因素的影响，实验环境条件的变化均能在光子信号中反映出来。为了准确采集小麦样本光子信号，需要对测试环境的多维特征参量和小麦光子信号之间的相关机理进行深入分析研究，总结出最佳测量环境条件，尽量减弱外界环境对小麦光子信号采集过程的影响，因此本部分研究的关键问题在于对标准检测工况的确定。BPE 现象本质上源于生物体的新陈代谢过程，对内外条件变化反应敏感，检测技术参数和环境条件的变化均能在采集的样本光子信号中表现出来。因此，本书的主要研究内容是针对 BPE 的两种发光形式（自发光和延迟发光），以独立因素重复实验，选择能够影响生物光子辐射量的重要因素，并最终确定标准实验工况。

（2）小麦样本自发光信号特征提取及模型构建。在处理小麦样本 UWL 信号的过程中，如何从复杂的光子信号中提取出能够表示不同新陈度小麦样本间差异的关键特征信息，是基于 UWL 信号构建小麦新陈度检测模型的关键环节。针对小麦样本 UWL 信号辐射强度较弱且信噪比较低的特点，本书使用修正多尺度排列熵算法来对小麦样本 UWL 信号的时空复杂度进行特征提取。同时，鉴于小麦样本 UWL 信号是由多颗小麦籽粒的光子信号相互作用而产生的一种整体辐射行为，因而具备较强的非平稳性和瞬态性，本书引入了局部均值分解算法对其进行自适应分解，并提取前三个分量信号和初始样本信号的修正多尺度排列熵对其进行动态表达。在构建基于 UWL 信号的小麦新陈度检测模型过程中，将高斯核和反向传播神经网络进行有机结合，以提升网络模型的收敛性能。

（3）小麦样本延迟发光信号特征提取及模型构建。小麦样本在受到外界光源激发后，表现出一种特定的延迟发光行为，同时小麦样本 DL 信号服从特定的双曲函数衰减规律，为此使用双曲弛豫公式中的三个特征参数可以较好地对 DL 信号进行特征提取。然而，小麦籽粒作为一种比较弱的生命体，即使在充分吸收光照激发能量后，DL 信号仍然会在局部范围内小幅度波动，若直接使用双曲弛豫公式中的三个参数对拟合信号进行特征提取难以反映出 DL 信号的局部动态特征。鉴于此，本书对双曲弛豫公式中三个参数所代表的物理学含义进行了不同程度的扩展，以实

现基于拟合函数曲线对小麦样本DL信号进行精确表达的目的。在利用双向长短期记忆网络构建分类检测模型的过程中，由于检测模型在进行分类识别时并不具备纠错功能，本书使用沃尔什（Walsh）编码机制将多分类任务有效拆分成若干个二分类任务后再分别进行训练和测试的思路，使构建的小麦新陈度检测模型具备优良的纠错性能。

（4）小麦样本多维度光子信号特征提取及多通道模型构建。为了进一步提升对小麦样本光子信号的表达能力及检测模型的泛化性能，本书首先使用7种光源分别对同一小麦样本进行光照激发，采集到小麦样本多维度DL信号。然后按照激发光源类别将采集到的多维度小麦样本光子信号划分成不同信号通道，对每个通道中的光子信号按照观测区段分为延迟发光区段和近似自发光区段信号。针对延迟发光观测区段信号，使用B样条函数对其自适应拟合后再进行时域特征提取；针对近似自发光区段信号，鉴于其光子辐射强度仍远高于自然状态下小麦样本自发光辐射水平，本书使用经验模态分解算法对其自适应分解后再提取其时域、频域及能量分布特征。在每个通道中构建能够表示小麦样本延迟发光和近似自发光信号的特征向量后，分别输入相应的双向长短期记忆网络模型中进行训练和测试，从而实现对输出结果的交互验证。

1.4.2　本书的主要贡献

新陈度是反映小麦储藏品质的一项重要指标，准确判定储藏小麦新陈度，并及时采取有效的预防措施，对指导我国小麦安全储藏具有重要的经济和战略意义。与现有的小麦新陈度检测方法不同，本书以小麦生物光子作为检测信号，开展不同新陈度小麦与其光子信号辐射规律之间的关联性研究，提出了一种基于生物光子的储藏小麦新陈度检测新方法，该方法属于一种简单、准确、无损检测方法。本书的贡献主要体现在以下四个方面。

（1）在小麦样本光子信号采集方面。本书提出使用多种光源激发同一小麦样本后获得其多维度光子信号，并按照激发光源类别将采集到的多维度小麦样本光子信号划分成不同的信号通道，以实现对小麦样本光子信号的多维度特征提取；同时将每个通道下的样本信号划分为延迟发光区段信号和近似自发光区段信号，进一步提升在单光源激发下对小麦样本光子信号的表达能力。

（2）在小麦样本 UWL 信号特征提取和模型构建方面。本书提出了自适应修正多尺度排列熵算法，实现了在低信噪比条件下对小麦样本 UWL 信号的时空复杂度进行表达的目的。同时，通过在算法中引入局部均值分解实现了对样本 UWL 信号的多维度动态表达。在基于 UWL 信号的小麦新陈度检测模型构建方面，本书在反向传播神经网络中增添了前置高斯核，对样本特征值进行预分类，进一步提高了网络的收敛性能。

（3）在小麦样本 DL 信号特征提取和模型构建方面。鉴于双曲弛豫公式中的三个参数只能描述延迟发光信号的整体衰减趋势而无法反映其局部动态变化特征，本书对三个参数所代表的物理学含义进行扩展，实现了对 DL 信号时域特征的动态表达。在基于 DL 信号的小麦新陈度检测模型构建方面，针对基于双向长短期记忆网络构建的小麦新陈度检测模型不具备纠错性能，提出一种沃尔什编码机制对多分类目标任务进行有效拆分，再对拆分后的若干个二分类器分别进行模型训练和测试，使整个检测模型具备优良的纠错性能。

（4）在小麦样本多维度光子信号特征提取和多通道模型构建方面。本书利用 7 种光源对小麦样本进行光照激发并获得样本多维度光子信号之后，使用两种自适应算法对不同区段的光子信号进行特征提取。在每个通道中分别构建能够表示两类小麦样本信号的特征向量，并分别输入相应通道下的双向长短期记忆网络中进行训练和测试，实现对分类结果的交互验证，最终构建了一种具有交互验证功能的多通道小麦新陈度分类检测模型，进一步提升了模型的检测准确率和泛化性能。

1.5　本章小结

本章着重介绍了生物光子、生物光子检测方法的优势、生化类和物理类小麦新陈度检测方法、本书的主要贡献等。对小麦新陈度现有检测方法和生物光子检测方法两方面的国内外研究现状进行了阐述，明确了新陈度在判定小麦储藏品质方面的重要性，以及现有小麦新陈度检测方法存在的局限性。为了进一步提高检测的效率和简化检测过程，本书提出基于生物光子和深度学习相结合的方法来构建小麦新陈度检测模型的新思路，对后续研究具有重要意义。

第2章 小麦光子信号获取与数据预处理

光子信号的准确获取是基于生物光子构建小麦新陈度检测模型的基础环节。然而，由于光子信号本身具有极强的敏感性，因此在实际观测过程中对待测样本、测试环境，以及光子测量仪器本身的参数设定都提出了较高要求。本章分别从理论上分析 UWL 和 DL 信号的产生机理，为小麦光子信号和其新陈度建立对应关系提供理论依据。针对 UWL 信号，由于外界环境因素对其影响很大（如温度影响着小麦籽粒内部各种酶的活性及能量转化速率，这些变化都会在样本 UWL 信号中反映出来），从而解释在不同环境条件下采集到的光子数据具有较大差异性。因此，要想采集到可靠的小麦样本 UWL 数据，必须对测量环境进行严格的标准化工况控制。针对 DL 信号，本章推导出 DL 信号所遵循的双曲弛豫公式的理论来源，并深入分析了公式中各个参数所表示的物理学含义，为有效采集 DL 信号和对其精准拟合提供理论依据。

本章的内容安排如下：2.1 节对生物光子辐射机理进行详细介绍；2.2 节主要讲述光子信号测量系统的工作机理；2.3 节介绍小麦新陈度样本的制备及样本光子信号的测量过程；2.4 节对采集到的光子信号进行相应的数据预处理，为下一步提取特征做准备；2.5 节对本章内容进行总结。

2.1　生物光子辐射机理

2.1.1　自发光机理

生物自发光机理是指当生物体辐射出光子信号时，生物体内部进行的物理或生化过程。目前，关于生物自发光的确凿机理尚未形成统一认识，学者比较认同的机理大致可分为两种:“代谢发光”机理和“相干辐射”机理。

大量实验证明，UWL 的辐射源来自生物体自身的新陈代谢过程，在代谢过程中产生的活性氧可能是 UWL 信号的主要来源之一[51-52]。生物体内的活性氧主要由过氧化氢（H_2O_2）、超氧阴离子自由基（O_2^-）、羟自由基（·OH）等组成。这些活性氧组分通过相互作用产生各种活化物质，由于活化物质具有较高能级，当它们向基态跃迁时便会辐射出光子信号。Chen 等[53]基于光子信号在对水稻种子进行老化程度检测时，发现水稻种子在吸胀初期细胞代谢比较活跃，此时辐射出的光子信号较强，表明 UWL 的辐射源可能来自细胞代谢。侯仙慧等[54]分别将两种苋菜种子在光照与黑暗条件下进行培养，观测种子萌发过程中生物光子辐射强度的变化情况，并测出 5 种酶的活性程度，结果表明过氧化氢酶（catalase, CAT）活性和超氧化物歧化酶（superoxide dismutase, SOD）活性都与光子辐射强度呈显著相关性，前者与光子辐射强度呈现负相关性，而后者呈正相关性。由于 CAT 和 SOD 都是细胞消除活性氧的保护酶，所以实验结果表明活性氧可能是 UWL 信号的来源。以上两个实验都表明新陈代谢活动可能是UWL信号的主要来源。

“相干辐射”机理则认为UWL源于生物体内的一个高度相干电磁场，生物体内部各个细胞或组织通过这种相干电磁场进行内部通信和联络。由于生物体组织结构并非大量细胞的简单叠加，各个细胞或组织之间存在着紧密联系，因此生物系统本身属于一个复杂的非线性系统。生物光子辐射理论奠基人——顾樵认为生物体是一个非线性、开放的生命系统，不断与外界环境进行着物质和能量交换[55]。顾樵认为若将构成生物体的细胞看作一个谐振腔，细胞膜则相当于一个封闭反射镜；生物系统中维持分子稳定的非平衡态能源来自生物氧化过程中产生的自由能，即三磷酸腺苷（adenosine triphosphate, ATP）；生物体需要不断地从外界吸收或消耗自身能量，以维持这种有序状态，并在该过程中释放出光子信号。生物体内粒子数反转的能量来源于葡萄糖酵解，葡萄糖在酵解过程中会释放出57 kcal/mol（57 × 4186.8 kJ/mol）的能量，其中36 kcal（1 cal=4186.8 J）能量会被储存在ATP中的高能磷酸键中，而剩余21 kcal能量则以热能形式释放。具体的反应式可表示为

$$C_6H_{12}O_6 \longrightarrow 2C_3H_6O_3 + 57\ \text{kcal/mol} \quad (2\text{-}1)$$

$$3ADP + 3H_3PO_4 + 36\ \text{kcal/mol} \rightleftharpoons 3ATP + 3H_2O \quad (2\text{-}2)$$

式（2-2）是一种可逆化学反应，二磷酸腺苷（adenosine diphosphate, ADP）分子在吸收能量之后可直接变成ATP分子；同样ATP分子在水解并释放能量后也可变成ADP分子。ADP与ATP之间的相互转化，形成了细胞内部各能级之间的跃迁过程，即ATP处于高能态并在释放

能量后会跃迁至低能态，反之亦然。Guo 等[56]对不同成熟度草莓的 UWL 信号进行了深入分析，证实草莓 UWL 信号与其内部 ATP 和 ADP 含量存在上述关系。

针对上述两种 UWL 产生机理的科学推论，笔者认为 UWL 的辐射源可能是外界环境与机体内部代谢机能共同作用的结果，或在不同阶段各种机理扮演的角色不同。随着对 UWL 辐射机理更深层次的研究，相信未来定会对 UWL 的辐射源做出更加科学完整的解释。总而言之，不论是“代谢发光”机理，还是“相干辐射”机理，都较好地诠释了 UWL 信号与生物体自身生命状态紧密相关，为此基于 UWL 信号探测小麦新陈度在理论上是可行和可靠的。

2.1.2　延迟发光机理

当生物体受到外界光照激发时，生物子系统（器官、组织、细胞、亚细胞、生物大分子等）之间凭借特殊的通信方式将各个子系统有序组织起来，使得在整个新陈代谢活动中表现出协同、关联、合作等行为，致使辐射出的光子信号具备高度的有序性和相干性[57]。下面从一个简单模拟生物系统的物理模型——“共振腔”来探讨 DL 机理，其物理模型如图 2-1 所示。

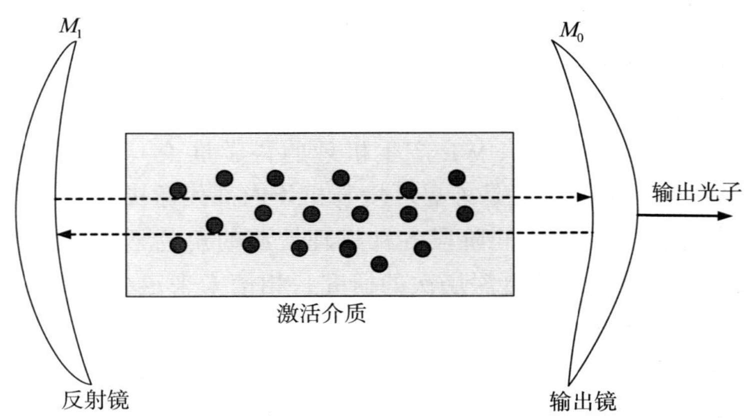

图 2-1　生物系统的光学共振腔模型

共振腔模型指出，一个有机体可以被假定为一个具备很高品质因子 Q 的共振腔，其中 Q 代表共振腔储存能量本领的度量，一般被定义为

$$Q = 2\pi \frac{S}{W} \tag{2-3}$$

式中，S为储存能量；W为每周期能量损耗。从式（2-3）可看出，一个共振系统每周期能量损耗越低，储能本领就越高，Q值就越大。对于光学共振腔，S等于nhv（固定腔模），其中n为共振腔内光子总数，hv为单个光子能量，光子在腔内一个周期的能量传播损耗可表示为

$$W = hv(-\frac{\mathrm{d}n}{\mathrm{d}t})\frac{1}{v} = -h\frac{\mathrm{d}n}{\mathrm{d}t} \tag{2-4}$$

将$S = nhv$、式（2-4）代入式（2-3）后可得

$$Q = -2\pi \frac{nv}{\mathrm{d}n / \mathrm{d}t} \tag{2-5}$$

假定腔内光子数按照指数函数衰减，此时n可表示为

$$n = n_0 \exp(-t/\tau) \tag{2-6}$$

式中，n_0为初始光子数目；τ为光子储存时间（又称为相干时间）。对式（2-6）进行求导运算后并代入式（2-5），可得到一种定量关系：

$$Q = 2\pi v\tau \tag{2-7}$$

从式（2-7）可看出对于给定腔模，光学Q值的大小仅取决于相关时间τ的大小。

经大量研究发现，生物系统在受到外界其他光源（白光或者单色光源）激发时，会偏离原来的稳定状态，呈现一种弛豫动力学行为，即 DL 效应。同时，由相干性理论可知，DL 源于生物系统中所有激发态粒子表现出的整体合作效应，以高阶非线性相干耦合方式构成一个高度相干整体 [58]。大量研究表明，生命系统激发态分子布居数$\dot{n}(t)$服从非线性动力学方程，即

$$\dot{n}(t) = -\mu n^{\gamma}(t) \tag{2-8}$$

式中，$\mu(>0)$和$\gamma(>1)$都是常数。

从式（2-8）可推导出 DL 辐射强度所遵循的拟合函数公式 [52]：

$$I(t) = \frac{I_0}{(1 + t/\tau)^{\beta}} \tag{2-9}$$

式中，$\beta = \dfrac{\gamma}{\gamma - 1}$，$\tau = \dfrac{1}{\mu(\gamma - 1)n_0^{\gamma-1}}$，$I_0 = \mu n_0^{\gamma}$；$n_0$为光照激发终止时激发态的分子布居数。

在式（2-9）中，除时间参数t之外，剩余 3 个参数I_0、τ、β 都具有明确的物理学含义：I_0为 DL 信号初始发光强度，它不仅与被测样本性质有关，还与外界激发光源强度、激发时间、激发距离等激发参数密切相关；τ为特征（相干）

时间，仅与生物样品自身性质或状态有关；β为指数衰减因子，控制着弛豫（衰减）速率。对于任一小麦样本 DL 信号，可使用式（2-9）与实测 DL 数据进行最佳拟合后得到I_0、τ、β的参数值。同时，3 个参数形象地表达了被测样本 DL 信号的时域特征，对分析样本理化性质具有重大实用价值。通过对大量 DL 拟合实验结果分析得知，τ的典型取值为 1 s；β的取值范围为（0,3）；I_0的取值在不同样本之间差别较大。为了检验理论拟合和实际观测之间的偏差量，下面引入积分强度$E(T)$的概念，将式（2-9）在 $[0,T]$ 的时间范围内进行积分运算，具体可表示为

$$E(T)=\int_0^T \frac{I_0}{(1+t/\tau)^{\beta}}\mathrm{d}t=\frac{\tau I_0}{\beta-1}[1-\frac{1}{(1+T/\tau)^{\beta-1}}] \quad (2-10)$$

式中，T为测量终止时刻；$E(T)$的理论值由参数I_0、τ、β及T共同确定。同时对初始 DL 数据在 $[0,T]$ 时间范围内直接求和可求出$E(T)$的观察值，理论值和观察值的偏差为检验双曲函数的拟合精确度或修正上述参数提供了理论依据。

DL 信号的实验基础是建立在分子生物学中大量关于生命物质的荧光实验所取得的研究成果，通常使用激基复合物模型（Exciplex）模型来表示生物系统内部能级结构。图 2-2 给出了 Exciplex 模型的能级结构，借助该能级结构，整个系统诱导生物光子的过程可表示为处于最低能态$|\alpha_1\rangle$的分子被泵浦到高能态$|\alpha_e\rangle$，它可以是势能曲线Σ^*中的任一状态。泵浦能量来自生物体内部新陈代谢过程中产生的生化能或者外界光照激发能量[59]。对于任何泵浦源，我们可以将能量供给者看作一个“泵浦场”。处于高能态$|\alpha_e\rangle$的分子很不稳定，它们会通过一个无辐射过程迅速弛豫到势能

曲线Σ^*上的亚稳态$|\alpha_2\rangle$，且具有较长寿命。在上述过程中，泵浦场能有效地将分子从低能态$|\alpha_1\rangle$经高能态$|\alpha_e\rangle$转移到亚稳态$|\alpha_2\rangle$。当亚稳态$|\alpha_2\rangle$上的分子布居数积累到一定数量时，它们会集体向低能级Σ跃迁，并产生众多模式的光子辐射。在图 2-2（a）中，以$|\alpha_3\rangle$来表示势能曲线Σ上的任一状态，生物光子辐射主要源于集体分子从亚稳态$|\alpha_2\rangle$到低势能态$|\alpha_3\rangle$的跃迁。另外，少数分子会从$|\alpha_2\rangle$跃迁到$|\alpha_1\rangle$，相当于生物光子辐射中短波成分。到达低势能态$|\alpha_3\rangle$的分子，大多数无辐射地弛豫到最低能态$|\alpha_1\rangle$后被再次泵浦到高能态$|\alpha_e\rangle$，同时有部分未被弛豫到最低能态的分子被另一泵浦场直接从低势能态$|\alpha_3\rangle$泵浦到高能态$|\alpha_e\rangle$。

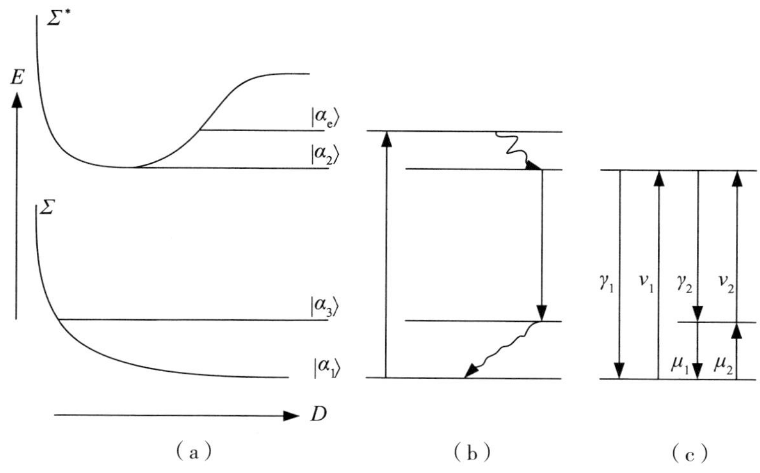

图 2-2　Exciplex 模型的能级结构

（a）具有 Exciplex 形式的生物分子系统势能曲线；（b）四能级 Exciplex 模型；（c）三能级 Exciplex 模型

注：E代表 Exciplex 能量，D表示单体的间隔，Σ和Σ^*分别表示只有排斥作用的基态和具有束缚性质的激发态。

上述四能级 Exciplex 模型是对实际 Exciplex 系统能级结构的简化。在实际应用过程中，按照激光速率方程理论 [60]，一个四能级系统通常被简化成一个三能级系统，如图 2-2（c）所示。事实上，由于分子势能曲线的能带普遍较窄，因此上述分子跃迁过程$|\alpha_1\rangle \to |\alpha_e\rangle \to |\alpha_2\rangle$可简化为$|\alpha_1\rangle \to |\alpha_2\rangle$，两者在效果上基本相同。至此，实际的 Exciplex 模型可用一个三能级系统来表示，并将$|\alpha_1\rangle$、$|\alpha_2\rangle$和$|\alpha_3\rangle$分别称为"基态""激发态"和"振动态"。

按照 Dicke 模型 [10]，上述三能级系统由N个全同分子组成，它们占据的空间小于系统所有辐射模式的波长，分子系统受到两个泵浦场的作用，场强分别记为E_1和E_2，分别激发分子$|\alpha_1\rangle \to |\alpha_2\rangle$和$|\alpha_3\rangle \to |\alpha_2\rangle$跃迁。生物系统中始终存在充足的泵浦能量来自外界或者生物体内部，即场强E_1和E_2足够强，在此条件下一个三能级系统的哈密顿表达式为 [61]

$$H = \sum_{i=1}^{3} w_i A_{ii} + (G_1 A_{12} \mathrm{e}^{-i\Omega_1 t} + G_2 A_{32} \mathrm{e}^{-i\Omega_2 t} + HC) \quad (2\text{-}11)$$

式中，$w_i (i = 1,2,3)$为分子的能级；Ω_1和Ω_2分别为两个泵浦场的共振频率；G_1和G_2为相应的拉比频率，$A_{ij} (i, j = 1,2,3)$表示三能级分子的集体算子。为了更好地描述集体分子在三个能级上的布居数，引入集体态$|Q,R\rangle$及相应对角集体算子A_{ii}的本征方程：

$$A_{11} |Q,R\rangle = \frac{1}{2}(N - Q - R) |Q,R\rangle \quad (2\text{-}12)$$

$$A_{22} |Q,R\rangle = Q |Q,R\rangle \quad (2\text{-}13)$$

$$A_{33}\,|\,Q,R\rangle=\frac{1}{2}(N-Q+R)\,|\,Q,R\rangle \qquad (2\text{-}14)$$

式中，Q 为激发态$|\alpha_2\rangle$的分子布居数；$\frac{1}{2}(N-Q-R)$和$\frac{1}{2}(N-Q+R)$分别为基态$|\alpha_1\rangle$和振动态$|\alpha_3\rangle$的分子布居数。

由式（2-11）所表示的哈密顿方程可直接写出分子系统的约化密度算子主方程[62]：

$$\frac{\partial\rho}{\partial t}=-i[H_0,\rho]=-2\gamma_1(1+\overline{n_1})(A_{21}A_{12}\rho-AA) \qquad (2\text{-}15)$$

从式（2-13）可知，生物分子在激发态$|\alpha_2\rangle$的布居数可由集体算子$A_{22}(t)$的本征值$Q(t)$来表示，即

$$Q(t)=\langle A_{22}(t)\rangle\approx\frac{1}{2}\langle E(t)\rangle \qquad (2\text{-}16)$$

式中，$E(t)$为在指定时间t内激发态分子数的期望值。

相应的光子发射率$R(t)$可表示为

$$R(t)=-\frac{\mathrm{d}}{\mathrm{d}t}Q(t) \qquad (2\text{-}17)$$

文献 [22] 给出了$Q(t)$的详细求解过程，并求出了$Q(t)$在$t\to\infty$时的稳态解等于$Q_1\equiv Q(\infty)$，可表示为

$$Q_1=\frac{1}{4}\left\{(N+\frac{x+2}{x-1})-\frac{1}{x-1}\sqrt{[N(x-1)+(x-2)]^2+8x}\right\} \qquad (2\text{-}18)$$

以Q_1/N表示分子相对布居数，图 2-3 给出了分子相对布居数随着自变量x和N的变化曲线。由图可知，随着N值增大，分子相对布居数逐渐趋于稳定，而在实际的生物系统中N的值通常都较大，因此稳态解Q_1具有很高的精度。此时在外界激发条件下，相应的光子发射率$R'(t)$和吸收率$R''(t)$可分别表示为

$$R'(t)=\frac{1}{2}Y_{\mathrm{R}}^{2}\operatorname{csch}^{2}(\frac{t}{B_{\mathrm{R}}}+C_{\mathrm{R}}) \tag{2-19}$$

$$R''(t)=\frac{1}{2}Y_{\mathrm{a}}^{2}\operatorname{sech}^{2}(\frac{t}{B_{\mathrm{a}}}+C_{\mathrm{a}}) \tag{2-20}$$

式中，Y_{R}和Y_{a}为初始强度参量；B_{R}和B_{a}为特征时间；C_{R}和C_{a}与生物体自身结构有关，决定着发射率曲线$R'(t)$和$R''(t)$的相位。因此，一个生物系统被光照激发后的光子辐射强度$I(t)$可表示为

$$I(t)=R'(t)-R''(t)+S \tag{2-21}$$

式中，S为生物体稳态光子辐射强度。

将式（2-19）和式（2-20）代入式（2-21），可得

$$I(t)=A\operatorname{csch}^{2}(\frac{t}{B}+C)-a\operatorname{sech}^{2}(\frac{t}{b}+c)+S \tag{2-22}$$

式中，$A=\frac{1}{2}Y_{\mathrm{R}}^{2}$，$B=B_{\mathrm{R}}$，$C=C_{\mathrm{R}}$，$a=\frac{1}{2}Y_{\mathrm{a}}^{2}$，$b=B_{\mathrm{a}}$，$c=C_{\mathrm{a}}$。

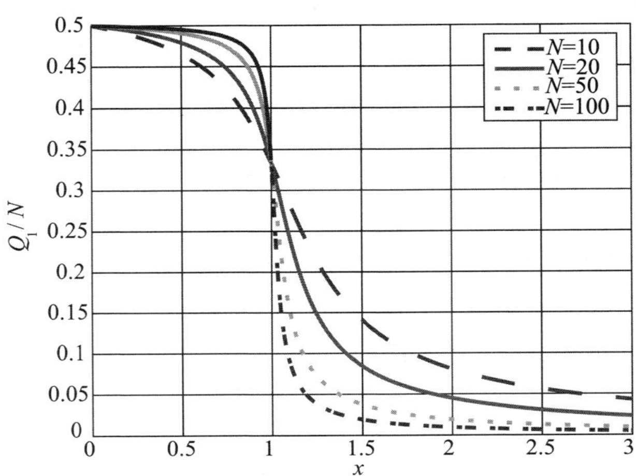

图 2-3　分子相对布居数随变量x和N的变化曲线

大量实验证明，当生物系统受到外界光照激发后，整个弛豫过程主要表现为光子发射过程，吸收和自发光过程相对太弱可忽略，因此在实际应用式（2-22）时，我们只选取第一项就能精确描述生物样本的 DL 信号特性，即

$$I(t) = A\operatorname{csch}^2(\frac{t}{B} + C) \qquad (2\text{-}23)$$

式中，t为时间；A、B、C为与时间无关的参数，称为顾参数。其中，A为强度参量，它不仅依赖于被测样本自身的性质和状态，还与外界激发条件相关；B表示特征时间，由样本自身性质决定；C为相位因子，反映待测样本的初始状态。

因此，基于对参数A、B、C的精准拟合，就可以准确反映出被测样本的生命状态。然而式（2-23）在实际应用过程中，由于对双曲余割函数求平方极大增加了寻找最优拟合函数的复杂度，因此我们需对式（2-23）进行适当的变形转换。

双曲余割函数的数学解析式可表示为

$$\operatorname{csch}(x) = 1/\sinh(x) = \frac{2}{\mathrm{e}^{x} - \mathrm{e}^{-x}} \qquad (2\text{-}24)$$

同时利用极限公式：

$$\lim_{x \to 0}(1 + x)^{\frac{1}{x}} = \mathrm{e} \qquad (2\text{-}25)$$

经过一系列运算和常数项合并之后，式（2-23）可转化为式（2-9）所表示的函数形式。

2.2 光子信号测量系统工作机理

2.2.1 光子测量设备工作机理

由于小麦样本 UWL 信号的典型辐射强度极低，辐射强度一般小于 100 counts/（s · cm^2），因此我们在测量小麦样本 UWL 信号时，需要借助高精度光子探测设备。本节所使用的 BPCL-2-ZL 型超微弱光子探测仪由北京建新力拓科技有限公司生产制造，其光谱测量范围为 300 ～ 650 nm。光子探测仪主要由两大部件组成：光子探测器和光子信号分析器主机。由于光子探测仪是本节测量小麦样本光子信号的核心仪器，下面对其两大部件的工作原理进行简要阐述。

（1）光子探测器。光子探测器由特殊型号的光电倍增管构成，灵敏度极高（见图 2-4）。光电倍增管（型号为 7T29B）的工作原理是当待测样本辐射出的光子信号入射到光阴极时，每个光子会以一定概率激发光阴极辐射出一个电子，这个电子通常被称为光电子。光电子经过倍增作用后在阳极形成电流脉冲，电流脉冲通过负载电阻后转变成电压（单光子）脉冲。除单光子脉冲之外，系统中还存在着由倍增极热反射电子所形成的热反射噪声脉冲。由于热电子受到的倍增次数通常小于光电子倍增次数，因此在阳极上输出的脉冲幅度比较低，图 2-5 为光电倍增管各输出脉冲分布示意图。而后形成的光电子通过聚焦系统进入倍增系统，最后在阳极端将倍增后的电子收集起来以电流或电压形式输出。

图 2-4　实验中使用的光子探测器

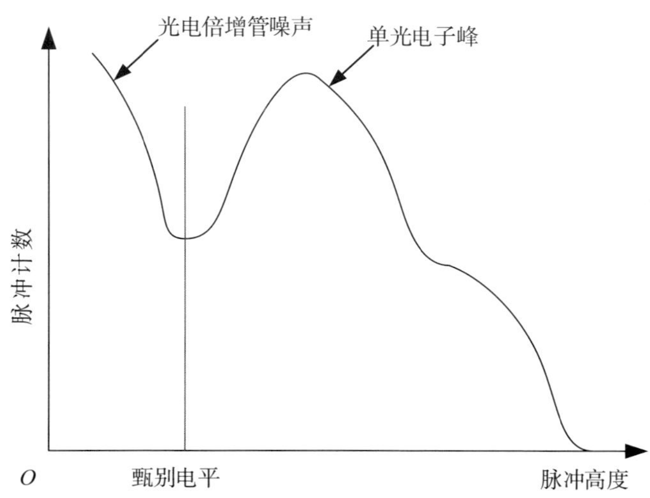

图 2-5　光电倍增管各输出脉冲分布示意图

（2）光子信号分析器主机。光子信号分析器主机由光子计数 - 脉冲放大电路、高压稳压电源及温度控制器组成（见图 2-6）。分析器主机的工作原理是充分利用光子探测器输出电压或电流自然分离的特点，通过脉冲幅度甄别技术和数字计数功能，将隐藏在机器噪声中的微弱光子信号准确提取出来。

图 2-6　实验中使用的光子信号分析器主机

此外，为了对待测样本辐射出的光子进行准确计数，人们必须设法分离光电倍增管噪声和单光电子峰，这需要借助脉冲幅度甄别器和数字计数器来实现，整个光子甄别流程如图 2-7 所示。脉冲幅度甄别器中设有一个可以连续调节的甄别电平（identification voltage, IV）。当输入甄别器的脉冲幅度低于 IV 时，甄别器直接过滤掉该脉冲，不输出任何信号。只有当输入脉冲幅度高于 IV 时，甄别器才会产生一个标准脉冲输出。因此，我们通过设置合适的 IV 值，就能滤除大部分由噪声产生的脉冲，只允许光电子脉冲通过，从而提高整个测试设备的信噪比。光子计数器可在设定好的时间段内对甄别器输出的脉冲进行累加计数。

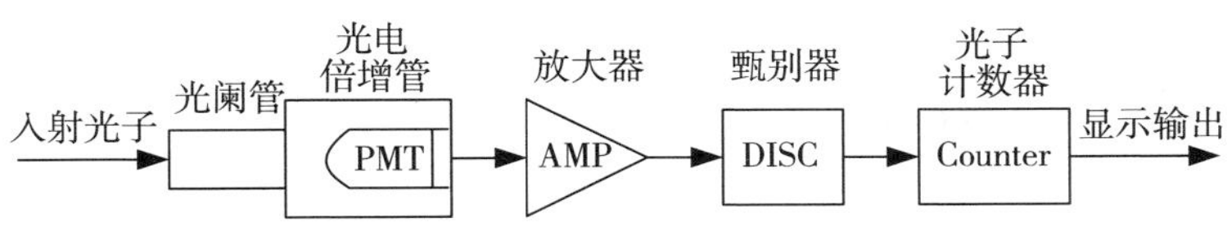

图 2-7　光子甄别流程

2.2.2　光子测量系统调试

将光子探测器、光子信号分析器主机及计算机按图 2-8 所示进行连接，整个小麦生物光子测试系统的硬件部分就搭建完成。

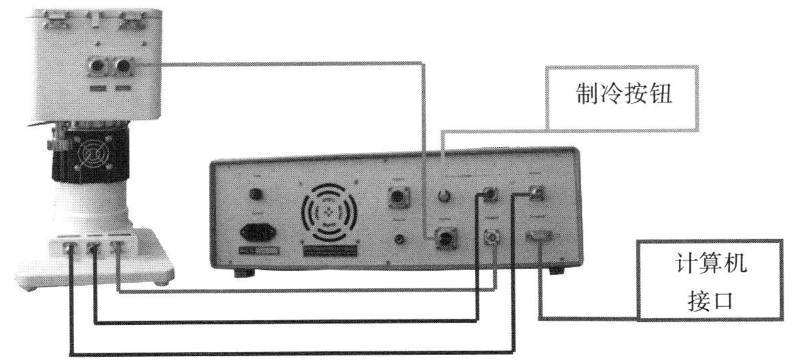

图 2-8　各种设备之间的连接

从前面章节内容可知，对小麦样本光子信号的精准采集是后续构建小麦新陈度检测模型的基础。本节使用的超微弱光子探测仪具有以下几种优势。

（1）灵敏度高，可测定的最小功率为 10^{-15} W。

（2）实时性好，可实时显示样本光子信号的动力学曲线并自动切换计数量程，最快采集时间可达 0.1 ms。

（3）稳定性高，10 次测定标准光源发光强度的相对标准偏差均未超过 1.5%。

（4）便于温度控制，能够保证待测样本的温度稳定在设定温度的 ±1℃范围内。BPCL-2-ZL 型光子探测仪的具体性能参数如表 2-1 所示。

表2-1　BPCL-2-ZL型光子探测仪的具体性能参数

参数名称	参数值
灵敏度	1×10^{-15} W
可测量的光谱波长范围	300 ～ 650 nm
机器背景噪声强度	26 counts/s
最快采样时间	0.1 ms
输出峰值电压	1 500 V
工作环境温度	5 ～ 40℃（278 ～ 313 K）
工作电源和频率	220 V，50 Hz

注：仪器测量所得的相关强度以每秒接收的光子数表示。

图 2-9 所示为小麦样本光子信号的测量流程，调试好的整个小麦样本生物光子信号的测量系统如图 2-10 所示。

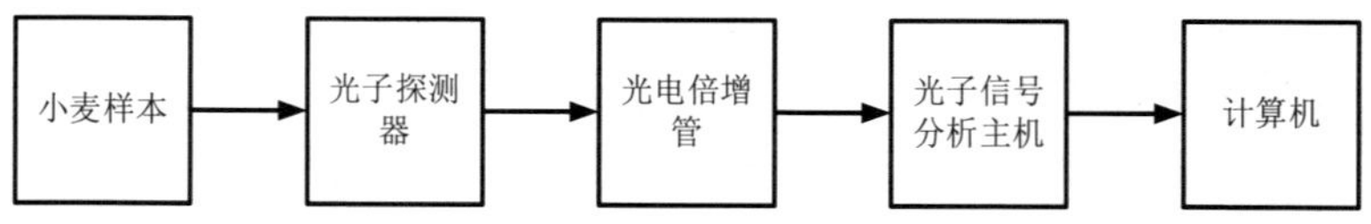

图 2-9　小麦样本光子信号的测量流程

图 2–10　整个小麦样本生物光子信号的测量系统

从图 2-10 可看出，整个小麦样本生物光子信号的测量系统由三大部分组成。

（1）光子探测器。光子探测器最上端设有放置待测小麦样本的暗盒，同时留有外接线路接入口，便于加装各种激发光源。

（2）光子信号分析器主机。光子信号分析器主机上的三个指示灯分别显示是否加载高压（high voltage）控制、加热状态（heating）及工作计数状态（counting）。对于前两个指示灯，如有对应操作，相应的指示灯会变亮；对于计数状态指示灯，闪烁的快慢代表是否进入工作计数状态，即在采集光子信号数据时闪烁快，反之闪烁慢。

（3）计算机主机和显示器。计算机主机和显示器用于安装特定软件来控制光子测量过程和预设相应测量参数，并显示和储存测量结果。在整个测量过程中，我们一定要先开启计算机，再打开分析器主机开关，这样才能正确启动整个光子测量系统。在进行光子信号测量时，选择启用制冷工作状态可使光电探测仪中的光阴极温度较室温降低约 10℃，进而有效降低测量系统自身的噪声。

图 2-11 给出了超微弱光子测量仪的背景噪声，从图中可看出，该系统背景噪声的强度都低于 55 dB，平均强度为 26 dB。后续测量所有小麦样本 UWL 信号的过程都按照去除该背景噪声的方式进行。

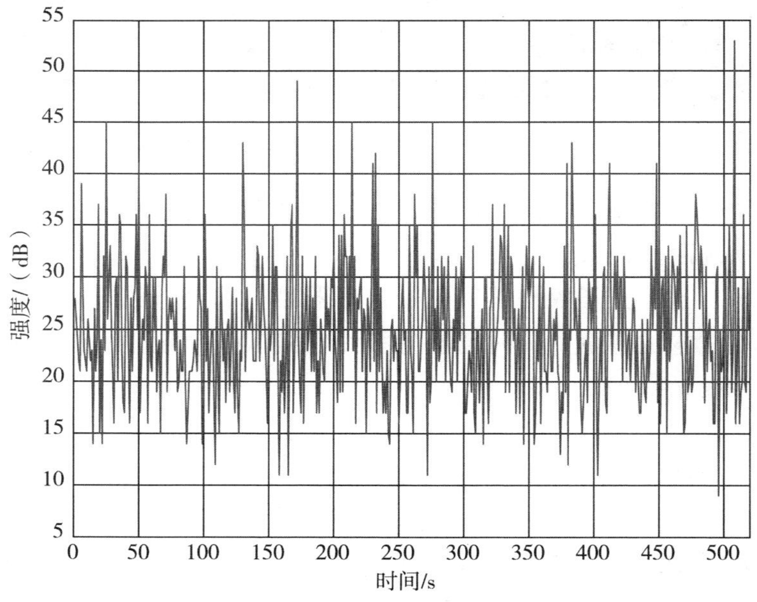

图 2-11　超微弱光子测量仪的背景噪声

2.3　小麦样本制备及光子信号测量

2.3.1　不同新陈度小麦样本制备

本书所用种麦来自河南秋乐种业科技股份有限公司，品种为秋乐 168。5 个年份（2015—2019 年）的实仓储存小麦由国家粮食储备库驻马店遂平分库提供。

对于实仓储存小麦而言，我们一般以“年”为单位来衡量小麦之间的新陈度差异。由于 5 个年份同一品种的种麦样品不易收集，因此本书采用人工快速陈化的方法对种麦进行了加速陈化处理，模拟得到新陈度（储藏年份）不同的种麦样品。为了便于对制备的不同新陈度的小麦样本进行管理和标记，本书使用表 2-2 中的类别标识符号对不同新陈度的小麦样本进行了标记。

表2-2　不同新陈度小麦样本的类别标识符号

小麦样本种类	本书使用的标识符号
2015—2019 年实仓储存小麦	SW2015 ~ SW2019
5 种新陈类别的人工陈化秋乐种麦	ASW1 ~ ASW5

对于人工陈化种麦样品，其种麦籽粒形态均一、饱满且所含杂质较少，预处理过程相对简单：首先，挑出种麦中的破损粒和不完整粒，使用蒸馏水将种麦清洗干净后置于电

热鼓风干燥箱内，使水分控制在（12.5±0.2）%；然后将预处理后的种麦平均分成5份，并将其中4份置于生物培养箱中进行人工陈化，剩余一份做好“ASW5”标记并置于温度为5℃的冰箱内冷藏；最后把培养箱的温度设为40℃，每隔80天为一个培养周期（相当于储存1年的小麦）[21]，满期后从培养箱中随机选取一份标定“ASW4”并置于冰箱内冷藏，以此类推直到标定完最后一份样品为止，此时就得到“ASW1～ASW5”5个年份的人工陈化种麦样本。图2-12所示为制备小麦新陈度样本使用的实验设备。

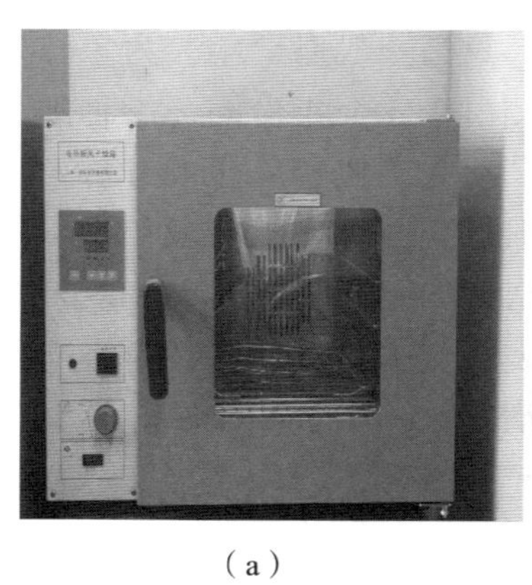

（a）

（b）

图2-12　制备小麦新陈度样本使用的实验设备

（a）电热鼓风干燥箱（型号DHG-9030A）；（b）生化培养箱（型号LRH-150F）

对于实仓储存小麦而言，由于小麦在入库前经历了栽培、收割、脱粒、晾晒、运输等一系列过程，同时在储藏过程中采取了熏蒸、清消、套封等处理措施，仓储小麦籽粒中通常掺杂着各种各样的杂质，因此针对实仓储存小麦样品的预处理过程要相对复杂一些。具体处理过程可分为

以下四个步骤：①从粮库中采集 5 个年份的小麦样品，并做好相应年份标记；②人工去除小麦样品中的杂质、破损粒、不完整粒等影响小麦光子信号的物质；③用蒸馏水清洗去杂小麦样品 3 次后，随即放入电热鼓风干燥箱直到小麦水分达到（12.5 ± 0.2）% 为止；④将预处理好的小麦样品装入自封袋并做好相应年份标记后放入冰箱冷藏，为下一步采集光子信号做准备。图 2-13 为 SW2019 小麦样品预处理前后对比图。

（a）　　　　（b）

图 2-13　SW2019 小麦样品预处理前后对比图

（a）预处理之前的小麦样品；（b）经过预处理后的小麦样品

2.3.2　小麦样本 UWL 信号测量

不同新陈度小麦样本 UWL 信号测量过程可分为以下两个阶段：第一阶段是待测样本准备阶段，我们需要将前面保存在冰箱中的两类小麦样品（人工陈化种麦和实仓储存小麦）提前 10h 取出，每个年份样品取样 100 份，每份质量为（20.00 ± 0.02）g，然后在测试之前将待测样本全部放入暗箱中静置 1h，以尽量减少其他杂光对待测样本的影响；第二阶段是样本 UWL 信号测量阶段，在正式测量之前，我们需标准化测量工况并总结出最佳的测量参数（见表 2-3），随后按照选定的工况对所有小麦样本 UWL 信号进行测量，并保存采集数据。

表2-3　测量UWL信号时光子探测仪参数及实验环境参数设定

参数名称	参数值
测试温度	（25.0 ± 0.5）℃
测试电压	1 030 V
采样时间间隔	1 s
测试时间	1 000 s
实验室温度	（25 ± 1）℃
实验室湿度	（21 ± 6）%

此外，当天小麦样本在测试完毕后需及时放入冰箱冷藏，以减少在测试间断期由小麦自身新陈代谢所造成的样本储藏时间误差。图 2-14 分别给出了 5 个年份的实仓储存小麦样本和人工陈化秋乐种麦样本的 UWL 数据。由于所有实仓储存小麦新陈度样本是在 2019 年下半年完成光子信号

采集的，因此从图 2-14（a）可以明显看出，2019 年实仓存储（刚入库）小麦的 UWL 信号，强度明显高于其他 4 个年份的实仓储存小麦的 UWL 信号强度，这是由于新收获的小麦籽粒存在一个成熟过程，此时的呼吸作用仍然非常活跃[63]。从图 2-14 中还可以看出，无论是实仓储存小麦还是人工陈化种麦，图中的 SW2019 和 ASW5 小麦样本“高强度”UWL 信号都是对其后熟过程的一种光学验证，这也充分反映了小麦籽粒区别于其他谷物的生理变化规律。

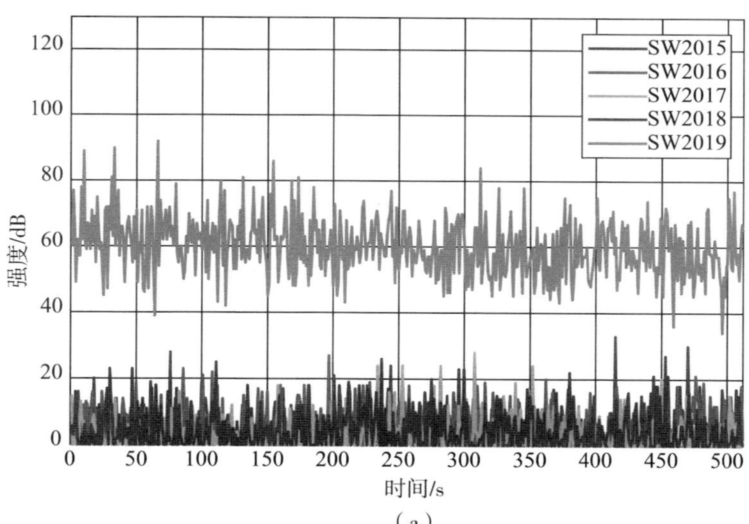

（a）

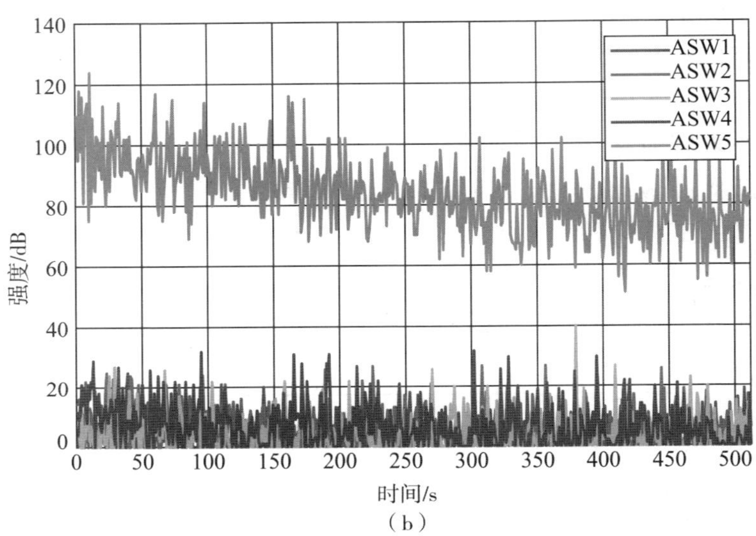

（b）

图 2-14　5 个不同年份小麦样本的 UWL 信号

（a）实仓存储小麦；（b）人工陈化秋乐种麦

2.3.3　小麦样本 DL 信号测量

测量小麦样本 DL 信号与测试小麦样本 UWL 信号的原理类似，不同之处在于当测量小麦样本 DL 信号时，我们需要借助外界激发光源；同时，为了获取小麦样本多维度 DL 信号，本节利用 7 种光源分别对小麦样本进行光照激发，因此需要在原有测量小麦样本 UWL 信号的设备上加装激发光源及激发时间控制装置。整个测量原理如图 2-15 所示。

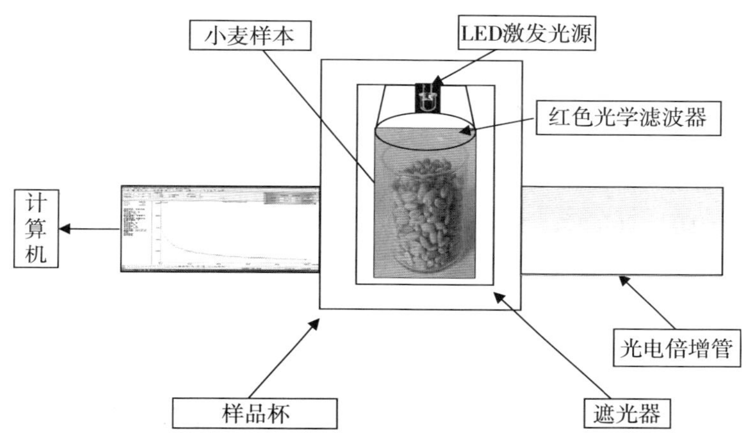

图 2-15　小麦延迟发光信号测量原理

在激发光源的选择方面，通过对多种激发光源进行光照性能测试，本节最终选定发光二极管（light emitting diode, LED）作为采集小麦样本 DL 信号的激发光源。与其他光源相比，LED 具有以下几种优势。

（1）LED 属于一种全固态、抗震动、使用寿命长、功率小的冷光源，即使在低压条件下也能稳定工作。

（2）LED 具有良好的单色性和稳定性，光照强度不易受电压波动影响。

（3）LED 响应速度快，无须预热即可达到连续工作状态。

（4）LED 体积较小，便于安装在光子探测器的暗盒中。

（5）LED 坚固耐用，不容易被损坏。

本节所使用的LED由东莞荧月电子科技有限公司提供，型号为 YLF5WOS1-3097，具体工作参数如下：色温为

2 900 ～ 3 100 K，K 为热力学温度单位；工作电压为 3.0 V；功率为 0.06 W；发光强度为 1.65 ～ 2.64 cd。

为了准确获得激发光源的光照强度，采用数字光度计（型号为 803，由香港智能仪表集团有限公司生产），测试范围为 1 ～ 200 000 lx（lx 为光照度单位），工作温度为 -10 ～ 60℃，测量误差为 ±2%，分辨率为 1 lx。本节还准备了 6 种单色滤光片，用到的数字光度计和滤光片如图 2-16 所示。

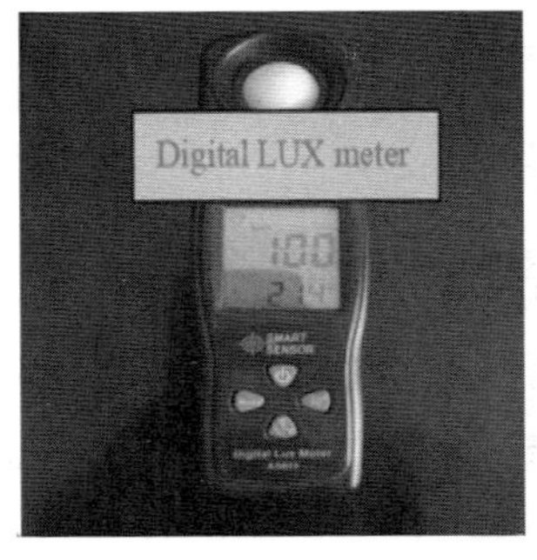

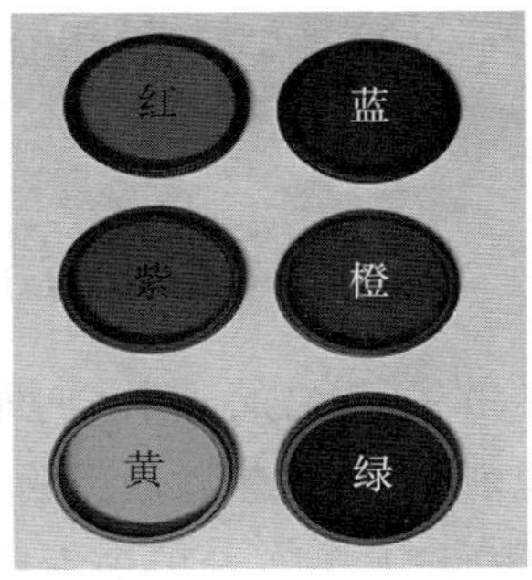

图 2-16　数字光度计及 6 种单色滤光片

在采集小麦样本 DL 信号过程中，光子探测仪的预设参数和环境参数设定可参阅前面采集小麦样本 UWL 信号的实验过程，不同之处在于外接激发光源的安装和调试、总体测量时间设定、采样间隔时间设定及背景噪声。对于 LED 激发光源，本节最终选定以下几个关键参数：光照强度为（440 ± 5）lx，照明距离为（20 ± 1）mm，照明时间为（60 ± 1）s，光源位置位于样品杯正上方正中心，从关闭电源到开始测量的时间间隔为（2 ± 0.1）s，供电电源为 3 V 稳定直流电源，各种光源照明强度如图 2-17 所示，每

个小麦样本的总体采样时间和采样频率分别设置为 100 s 和 10 Hz。

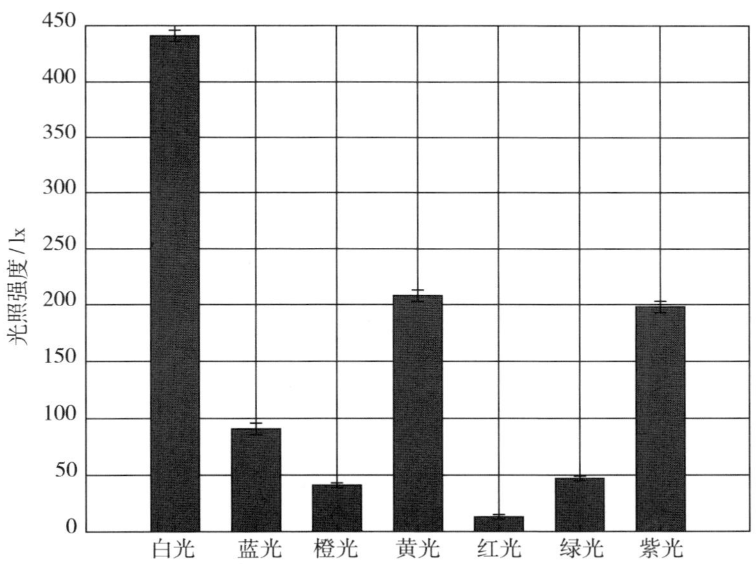

图 2–17　DL 实验中使用的各种光源照明强度

在选定工况条件下，本节对所有小麦样本进行了 DL 信号采集，图 2–18 绘制了 5 种新陈度的人工陈化种麦样本经白光激发后的 DL 信号（图中横坐标“×0.1 s”表示采样时间间隔为 0.1 s，纵坐标表示 0.1 s 内接收的光子数量，下同）。从图 2–18 可以清楚地看出，与小麦样本 UWL 信号数据所表现出的较强随机振荡性不同，5 种新陈度的种麦样本 DL 信号表现出不同的初始发光强度和双曲函数衰减特性；此外，所有样本 DL 信号的弛豫时间大致相同，且衰减速率与信号的初始发光强度成正比。

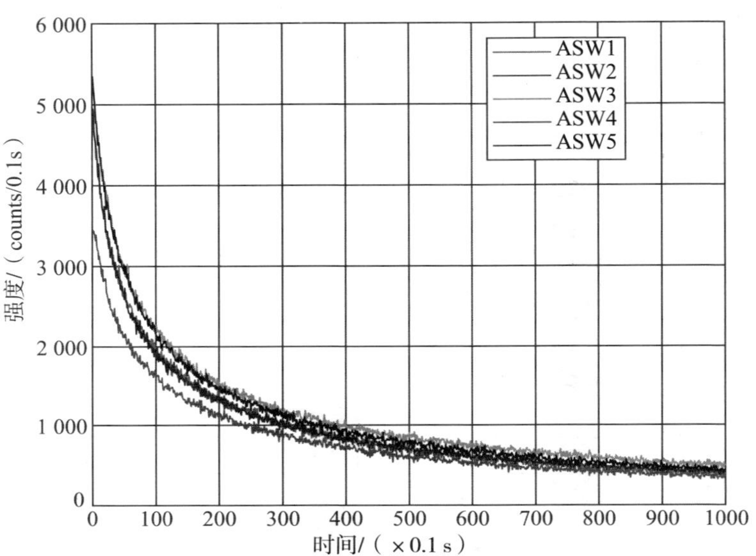

图 2–18　5 种新陈度的人工陈化种麦样本的 DL 信号

实验结果表明，不同年份小麦样本 DL 信号的发光强度和衰减特性各不相同。光子信号是小麦籽粒内部生理变化的一种外在表现，通过对小麦样本生物光子信号进行有效获取和深入分析，生物光子技术可以作为判定小麦新陈度的一种新途径。无论是自发光还是延迟发光，这些都是小麦籽粒与外界环境进行交互的一种特殊通信方式，并携带着大量关于小麦自身状态的重要“信息”，因此对 UWL 信号和 DL 信号进行全面、准确的解读是基于生物光子信号构建小麦新陈度检测模型的关键所在。

为了获得小麦样本多维度 DL 信号，本节分别使用 7 种光源（其中 6 种为单色光源，另一种为白色光源）对小麦样本进行了光照激发。实验结果表明，不同新陈度的小麦样本经 7 种光源激发后，其多维度 DL 信号表现出一定

的差异，如初始发光强度、特征时间、指数因子等。本节分别对 5 个不同年份的人工陈化秋乐种麦样本和实仓储存小麦样本的 DL 信号数据进行了采集。为了尽量减弱外界环境因素对小麦样本 DL 信号的影响，本节对所有样本 DL 信号的采集均在选定工况条件下进行。

图 2-19 给出了 SW2015 小麦样本在 7 种不同光源激发条件下的 DL 信号（图中横坐标“×10 s”表示采样时间间隔为 10 s）。从图 2-19 中可以看出，在不同光源激发下，小麦样本 DL 信号具有以下几个特点：①小麦样本在不同光源激发下的弛豫时间都相对较短，且各自的频谱范围都较窄；②在相同激发条件下，小麦样本对各种光源的敏感程度从强到弱依次为白光→蓝光→紫光→黄光→绿光→橙光→红光，且光子信号在弛豫过程结束之后，都逐渐趋向于 UWL 水平；③所有经光照激发后的小麦样本 DL 信号都遵循双曲函数衰减规律。

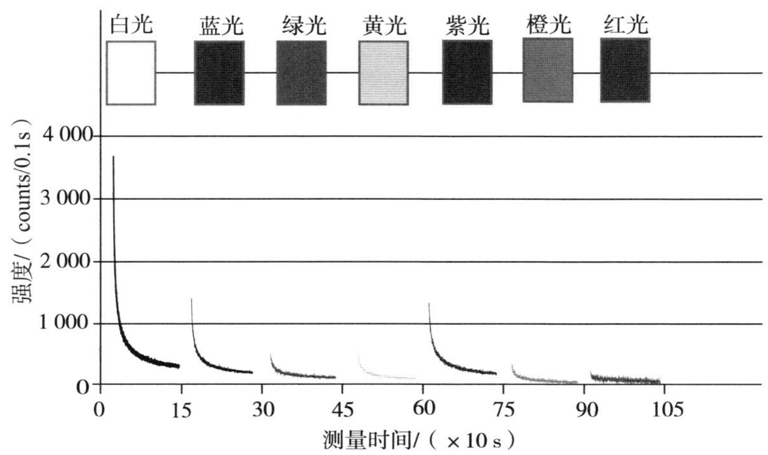

图 2-19　SW2015 小麦样本经 7 种不同光源激发后的 DL 信号

2.4 光子信号数据预处理

光子信号数据预处理是指选出光子信号中有价值的、能反映小麦样本真实发光信号的观测区段，并采取相应的降噪处理算法滤除初始信号数据中的异常值或者仪器背景噪声的过程。

2.4.1 UWL 信号数据预处理

在使用光子探测仪对小麦样本 UWL 信号进行测量的过程中，采集到的光子信号数据会不可避免地受到来自光电倍增管或者其他组件中暗电流的影响。因此，本节按照预先选定的工况对机器背景噪声进行了测量，并在计算出光子探测仪自身的平均背景噪声强度（26 counts/s）后，将每次测量得到的样本光子数据减去该平均背景噪声强度值，得到实测小麦样本光子信号。当相减后的结果中出现负值情况时，约定该观测点处的光子数为零。

考虑到光子探测仪的性能在开始测量时不太稳定，因此本节在对采集到的小麦样本 UWL 信号进行最终选定时只保留了测量时间 1 000 s 中的后段 512 s 的数据。图 2-20 以 SW2017 小麦样本 UWL 信号为例，给出了具体的数据预处理过程。从图 2-20（a）中可看出，在测量过程的前 400 s 之内，由于受到机器组件暗电流的影响，光子信号表现出短暂的衰减特性，而在 400 s 之后 UWL 信号处于稳定状态。因此，本节将除去机器背景噪声的 512 s 之后的数据作为最终的小麦样本 UWL 信号，如图 2-20（c）所示。

100
90
80
70
60
50
40
30
20
10
0
强度/（counts/s）
0
100
200
300
400
500
600
700
800
900
1 000
时间/s

（a）

80
70
60
50
40
30
20
10
0
强度/（counts/s）
0
100
200
300
400
500
600
700
800
900
1 000
时间/s

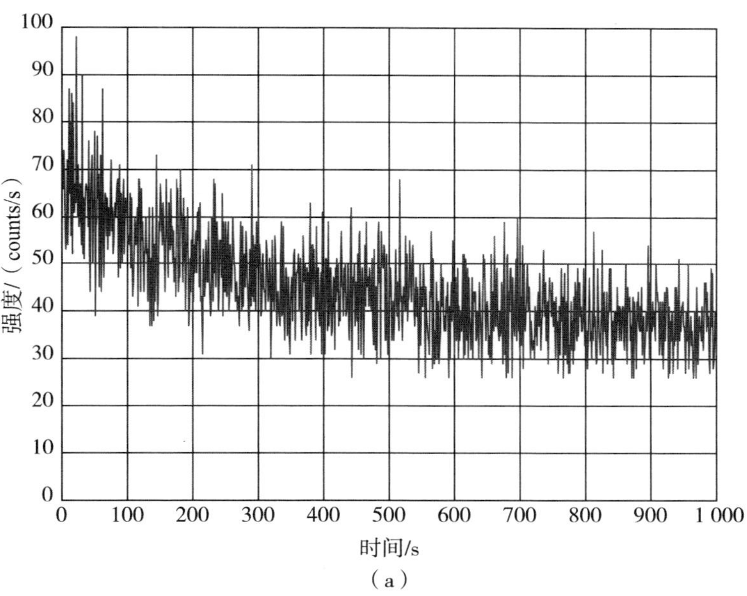

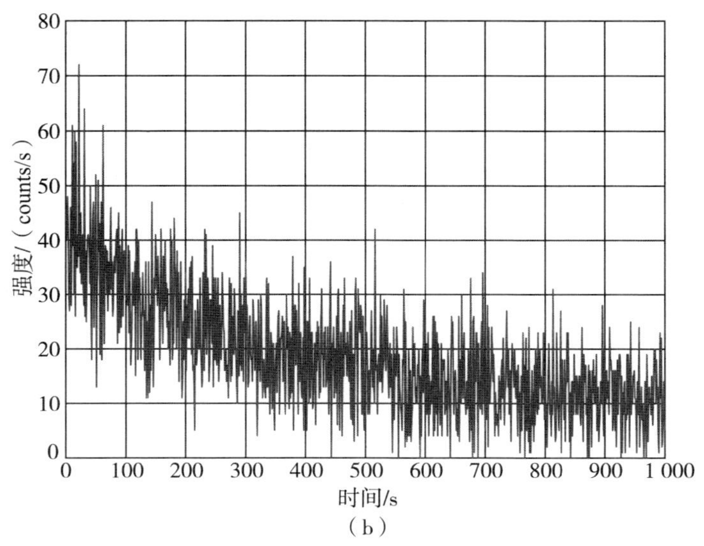

（b）

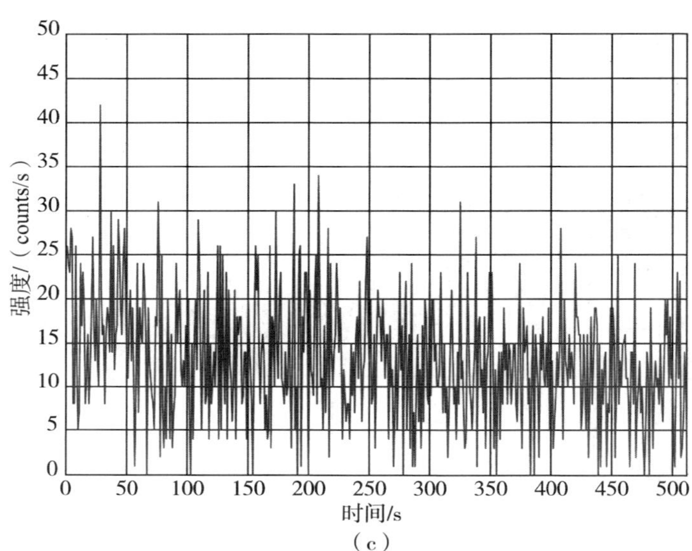

图 2-20　SW2017 小麦样本 UWL 信号的数据预处理过程

（a）去噪前的 UWL 信号；（b）去噪后的 UWL 信号；（c）实际使用的 UWL 信号

2.4.2　DL 信号数据预处理

在使用光子探测仪对小麦样本 DL 信号进行测量时，采集到的光子数据不仅会受到来自光电倍增管或者其他组件中暗电流的影响，还会受到外界激发光源的影响。图 2-21 以 SW2017 小麦样本 DL 信号为例，给出了具体的 DL 信号数据的预处理过程。首先，本节按照小麦样本 DL 信号的采集间隔重新计算了光子探测仪的平均背景噪声强度（9 counts/0.1s），如图 2-21（a）所示；然后，本节按照减去该平均背景噪声强度值的方法进行信号采集，得到实测小麦样本的 DL 信号，如图 2-21（b）所示；最后，本节采

用滑动平均法对图 2-21（b）中的 DL 信号进行平滑去噪，滑动窗口值设定为 5，经平滑去噪后的 DL 信号如图 2-21（c）所示。

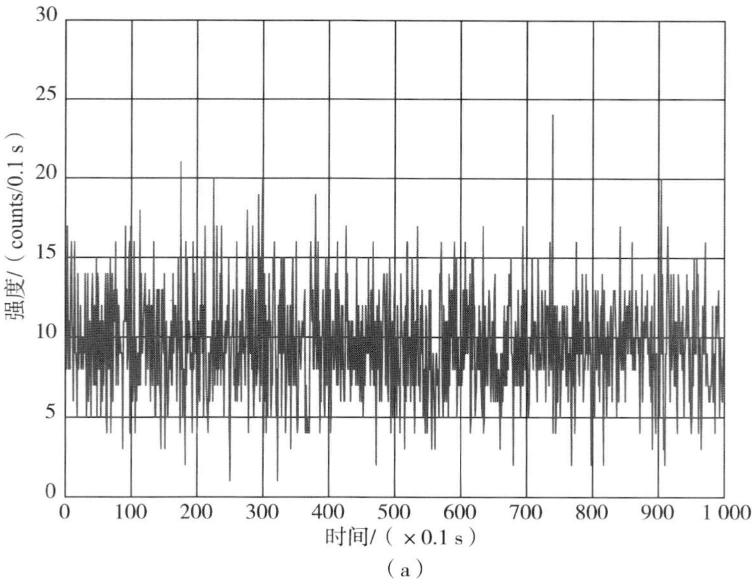

（a）

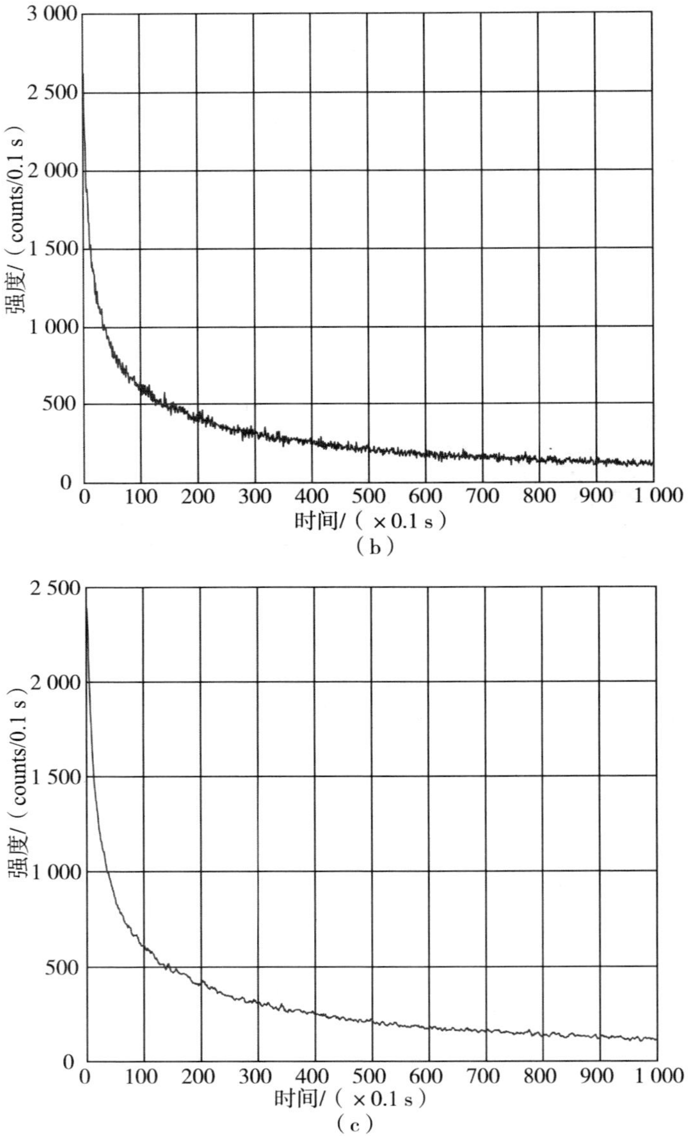

图 2-21　SW2017 小麦样本 DL 信号的数据预处理过程

（a）机器背景噪声；（b）去噪前的 DL 信号；（c）去噪后的 DL 信号

从图 2-21 可看出，与小麦样本 UWL 信号不同，DL 信号是先经光照激发后再对小麦样本进行采集的，因此在减去机器背景噪声时很难出现光子数为零的情况，如在白色光源激发下，DL 信号的信噪比相比 UWL 信号可提高数十倍甚至数百倍。

2.5　本章小结

本章从如何准确测量小麦样本 UWL 和 DL 信号入手，分别阐述了光子信号的辐射机理、测试原理、相关仪器参数设置、最佳实验环境选择、小麦新陈度样本制备等。随后对小麦样本 UWL 信号和 DL 信号在各自最佳工况条件下分别进行采集，并对采集后的光子信号进行相应预处理操作，为下一步进行数据分析和特征提取做准备。大量实验表明，UWL 信号和 DL 信号都是小麦籽粒内部状态的一种外在表现形式，因此对两者的准确测量是基于生物光子构建小麦新陈度检测模型的基础。从测量得到的 UWL 信号分析来看，除了 SW2019 和 ASW5 小麦样本的 UWL 信号强度明显高于其他类别小麦样本，其他类别的小麦样本 UWL 信号均观测不出明显的差异性。如何从 UWL 信号中提取能够表示不同新陈度小麦样本的有效特征向量，将是接下来章节需要解决的问题。

第3章　基于自发光信号的小麦新陈度检测模型

从第 2 章节内容可知，经预处理后的小麦样本 UWL 信号的信噪比较低，此时若对 UWL 信号直接使用各种时域和频域变换方法很难提取到有效的时域和频域特征，因此需要借助一种特殊的方法对样本 UWL 信号进行特征提取。UWL 信号作为生物体生命活动的一种外在表现形式，不仅是一种从有序到无序的变化，还是一个熵值不断改变的过程，因此我们可借助熵来度量不同新陈度小麦样本 UWL 信号的混乱度和复杂度。虽然小麦作为一种特殊的“信源”，其辐射出光子信号的平均不确定性大小可以用熵来进行表达，但是传统熵算法忽略了各序列值之间的时间依赖关系，并未考虑整个动态过程中存在的时间和空间模式。鉴于此，Bandt 和 Pompe 于 2002 年提出了一种鲁棒性较好的算法——排列熵（permutation entropy, PE）算法。PE 算法作为一种统计测度算法，主要通过相空间重构来实现分析一维时间序列复杂度的目的[64]。虽然从简单系统中得到的时间序列可直接使用排列熵进行度量，但是由生物系统衍生的时间序列在时空上通常具有极高的复杂性，熵的增加并不总是与系统复杂性的增加相关联。因此，本章在 PE 算法的基础上提出了自适应修正多尺度排列熵算法，用于对小麦样本 UWL 信号进行特征提取。此外，在基于 UWL 信

号构建小麦新陈度检测模型的过程中，本章提出了前置高斯核 BP（Gaussian-BP）神经网络，即在传统 BP 神经网络中新增了前置高斯核函数，以提升网络的收敛性能[65]。图 3-1 给出了基于 UWL 信号小麦新陈度检测模型的结构。

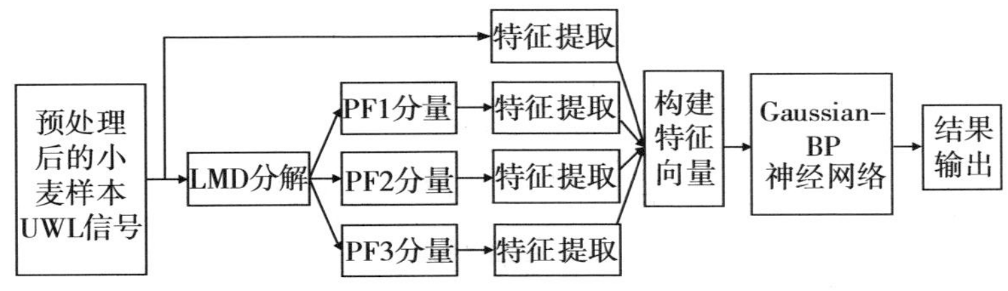

图 3-1　基于 UWL 信号小麦新陈度检测模型的结构

鉴于 2019 年小麦样本 UWL 信号强度远高于其他年份样本的 UWL 信号强度，一方面，借助简单线性分类模型就可将 2019 年小麦样本与其他储藏年份小麦样本进行有效分离；另一方面，刚入库的小麦存在六个月左右的后熟期，在此期间小麦籽粒因内部酶活性较高而不具备后续加工条件。因此，本章在构建基于 UWL 信号的小麦新陈度分类检测模型过程中，只针对剩余 4 个年份的实仓存储小麦样本或相当于 4 个储藏年份的人工陈化种麦样本展开分析讨论。

本章的主要内容如下：3.1 节介绍了小麦样本 UWL 信号的特征提取过程，重点阐述了自适应修正多尺度排列熵在提取小麦样本 UWL 信号特征中的应用；3.2 节基于前置高斯核 BP 神经网络构建了小麦新陈度检测模型，并对实验结果进行了分析；3.3 节对本章内容进行了总结。

3.1 小麦样本 UWL 信号特征的提取

在光子信号分析过程中，小麦籽粒辐射出的光子信号可以看作一种“空间构象”，小麦籽粒的整个生命过程则是一种“时间构象”。针对不同新陈度小麦样本的 UWL 信号，我们需要一种能够较好反映其空间和时间复杂度的算法。小麦 UWL 信号作为一种生物系统衍生的时间序列，在时间和空间上都表现出较强的复杂性和瞬态性。鉴于此，本节提出了自适应修正多尺度排列熵算法对小麦样本 UWL 信号进行特征提取。

3.1.1 修正多尺度排列熵算法

小麦籽粒作为一种生命体，在刚脱离母体植株后，呼吸作用和生命活动仍然比较强烈。从第 2 章采集的实仓存储小麦样本 UWL 数据来看，SW2019 小麦样本的 UWL 信号强度远高于其余 4 个年份小麦样本的 UWL 信号强度，这也间接验证了小麦籽粒确实存在一个后熟过程。除 SW2019 小麦样本外，其他 4 个年份小麦样本的 UWL 信号的强度并无明显差别。若要对此类样本的 UWL 信号进行特征提取，就需对其进行深入挖掘，并借助一些特殊统计量来反映各类样本 UWL 信号之间的差异性。

图 3-2 分别给出了 SW2015 ～ SW2018 实仓存储小麦样本的 UWL 信号。从图 3-2 可看出，4 个年份实仓存储小麦样本辐射出的 UWL 信号普遍较弱，并表现出较强的随机振荡特性，每种年份小麦样本的 UWL 信号中都存在被噪声湮没的情况。因此，单从样本的 UWL 信号数据来看，我们很难观测出明显的类别特征。

强度/（counts/s）
时间/s
0
5
10
15
20
25
30
35
40
45
50
0
50
100
150
200
250
300
350
400
450
500

（a）

强度/（counts/s）
时间/s
0
5
10
15
20
25
30
35
40
45
50
0
50
100
150
200
250
300
350
400
450
500

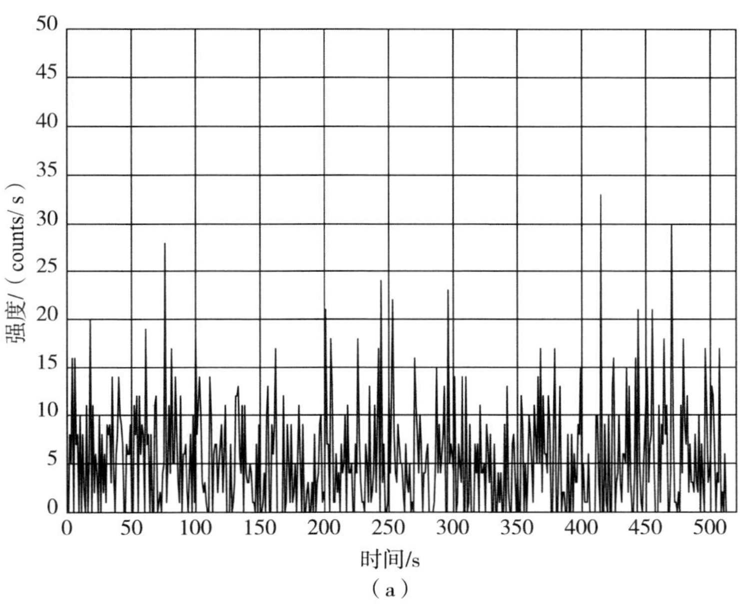

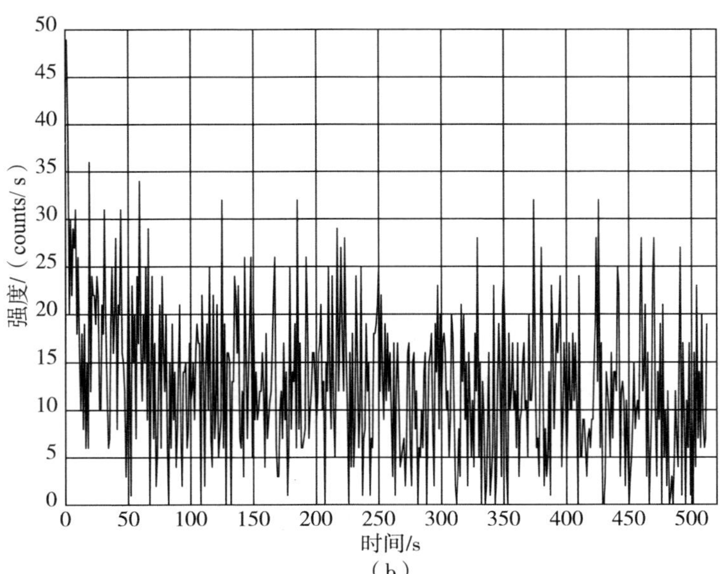

（b）

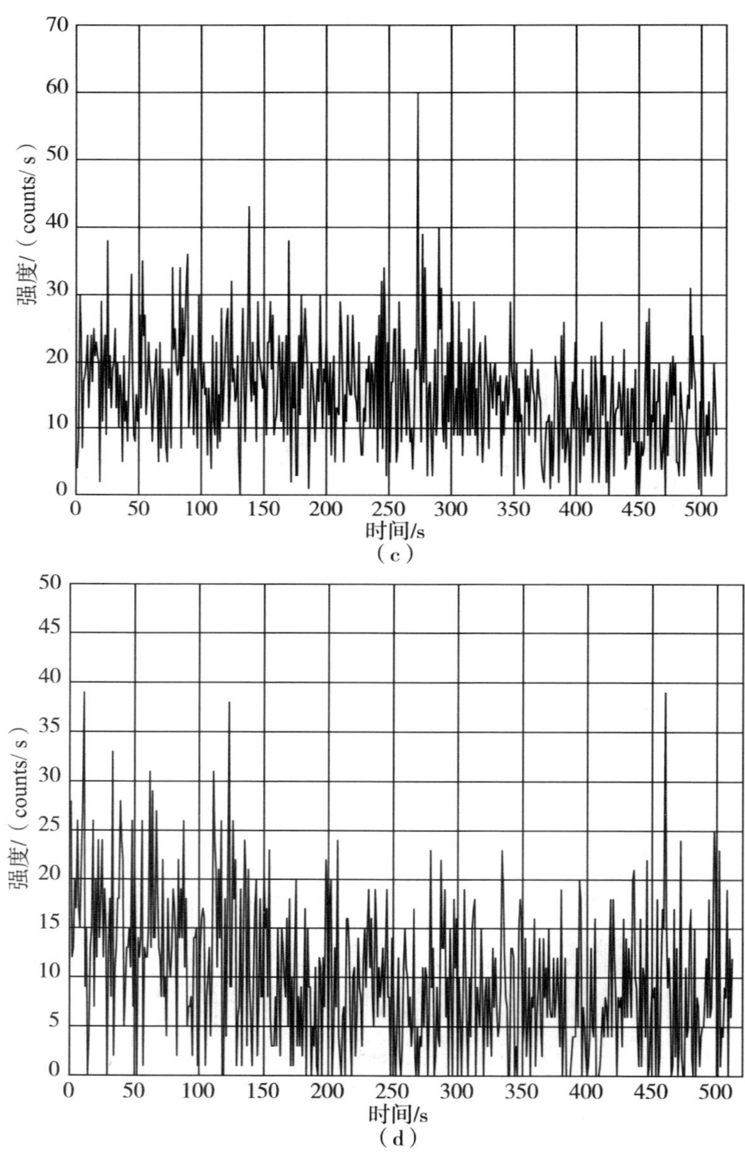

图 3-2　SW2015 ～ SW2018 小麦样本的 UWL 信号

（a）SW2015 小麦样本 UWL 信号；（b）SW2016 小麦样本 UWL 信号；（c）SW2017 小麦样本 UWL 信号；（d）SW2018 小麦样本 UWL 信号

图 3-3 给出了实仓存储小麦和人工陈化种麦样本平均光子辐射强度对照图。从图 3-3 来看，4 个年份实仓存储小麦和人工陈化种麦各类样本之间的均值差异并不明显，均在 1 count 之内，且所有样本的信噪比都较小，约为 0.3；从整个发光规律来看，SW2015 和 ASW1 两类样本的平均光子辐射强度相对较弱，SW2017 和 ASW3 两类样本则相对较强。

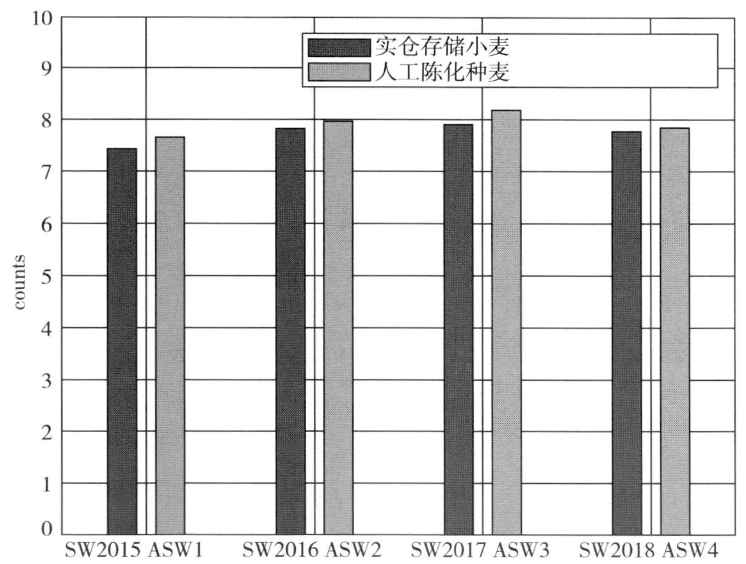

图 3-3　实仓存储小麦和人工陈化种麦样本平均光子辐射强度对照图

波动力学创始人薛定谔（Schrödinger）在很早之前就提出生命体“以食负熵为生”的观点，即熵的减少是生命体从外界不断吸收能量（光、热、水分等），以维持自己生存而表现出的一种有序状态。自然界中的有机体总是能够以一种巧妙的方式处于一种最佳生命状态。有机体具有熵的

最大绝对值，却可以通过外部条件的干预降低微观自由度数目，表现出最高程度的有序性，从而使自身熵的绝对值达到最小。UWL 信号作为生命体生命活动的一种外在表现形式，也是熵值不断改变的过程；同时，小麦样本的 UWL 信号表现出了较高的时间和空间复杂性。因此，本节在 PE 算法的基础上提出了修正多尺度排列熵算法，用于对 4 个年份小麦样本的 UWL 信号进行特征提取。PE 算法的具体计算过程如下：假设有一初始时间序列为 $\{y(i)|i=1,2,\cdots,n\}$，n 为序列的长度，在重构序列 $y(i)$ 的相空间后，得到以下矩阵：

$$\begin{bmatrix} y(1) & y(1+\tau) & \cdots & y(1+(m-1)\tau) \\ \vdots & \vdots & \vdots & \vdots \\ y(j) & y(j+\tau) & \cdots & y(j+(m-1)\tau) \\ \vdots & \vdots & \vdots & \vdots \\ y(K) & y(K+\tau) & \cdots & y(K+(m-1)\tau) \end{bmatrix}, \quad j=1,2,\cdots,K \tag{3-1}$$

式中，m 为嵌入维数；τ 表示延迟时间；$K=n-(m-1)\tau$。式（3-1）所示矩阵的每一行都是一个重构分量，一共有 K 个重构分量。以第 j 行重构分量为例，即 $(y(j),y(j+\tau),\cdots,y(j+(m-1)\tau))$，将该重构分量中的每个元素按照从小到大的顺序重新排列，在重建重构分量之前设置相应的索引号，即

$$y(i+(j_1-1)\tau)\leqslant y(i+(j_2-1)\tau)\leqslant\cdots\leqslant y(i+(j_m-1)\tau) \tag{3-2}$$

在排序过程中，如果遇到两个元素相等的情况，可假定

$$y(i+(j_1-1)\tau)=y(i+(j_2-1)\tau) \tag{3-3}$$

此时根据索引号的大小排列顺序，若 $j_1\leqslant j_2$，则

$$y(i+(j_1-1)\tau)\leqslant y(i+(j_2-1)\tau) \tag{3-4}$$

因此，对于任一时间序列的重构矩阵而言，矩阵中每一行经过重新排序后都可以得到一组索引符号序列$S(l)$，即

$$S(l)=(j_1,j_2,\cdots,j_m),\ l=1,2,\cdots,k \tag{3-5}$$

m维相空间映射下不同符号序列$(j_1,j_2,\cdots,j_m)$的排列组合共有$m!$种，且$k\leqslant m!$，序列$S(l)$只是其中的一种。若要计算每一种符号出现的概率，可用$P_1,P_2,\cdots,P_k$表示相应k种结果的概率，按照香农（Shannon）熵的计算方式，时间序列$\{y(i)|i=1,2,\cdots,n\}$的k种不同符号的排列熵$H_P(m)$可表示为

$$H_P(m)=-\sum_{j=1}^{k}P_j\ln P_j \tag{3-6}$$

由式（3-6）可知，当$P_j=1/m!$时，$H_P(m)$取得最大值$\ln(m!)$，因此我们可借助$\ln(m!)$对$H_P(m)$进行归一化处理：

$$h_p=H_p/\ln(m!) \tag{3-7}$$

此时，经过归一化处理后的$h_p(0\leqslant h_p\leqslant 1)$可用于后续过程中的数据处理。$H_P(m)$值的大小反映了时间序列的随机程度：$H_P(m)$值越大说明该时间序列的随机性越强，反之则说明该时间序列越规则。光子时间序列信号中细微的变化可以很好地通过$H_P(m)$值的变化反映出来。

为了更好地反映小麦的 UWL 信号特征，本节引入了多尺度排列熵（multiscale permutation entropy, MPE）算法[66]，具体计算流程如图 3-4 所示。从图 3-4 可看出，MPE 算法主要分为以下两大步骤：

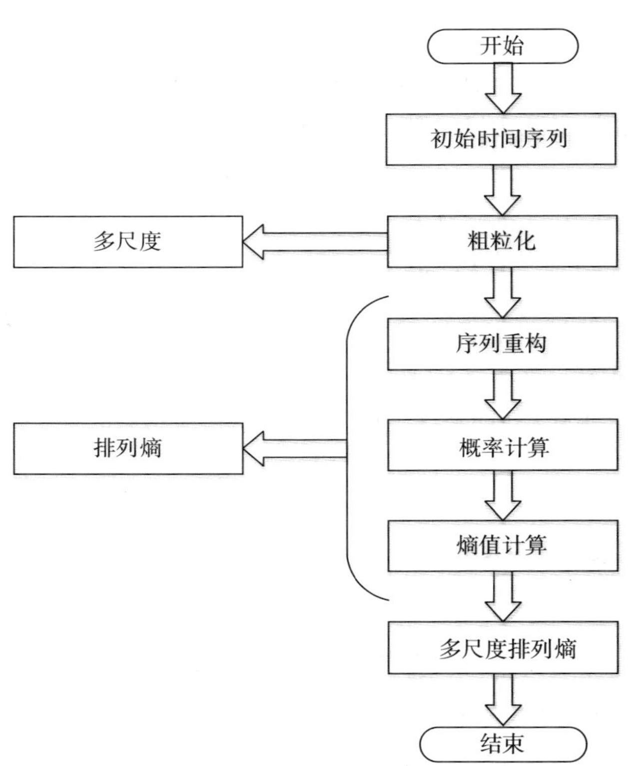

图 3-4　MPE 算法的计算流程

（1）对于给定的离散时间序列 $\{y(i)|i=1,2,\cdots,n\}$，使用不同长度的窗函数对 $y(i)$ 进行不重叠截取，然后在窗口长度 s 下对窗内数据点求算术平均值[67]。下面给出了构造粗粒化时间序列的具体公式：

$$z^{s}(j)=\frac{1}{s}\sum_{i=(j-1)s+1}^{js}y(i) \tag{3-8}$$

式中，s 为尺度因子；$1\leqslant j\leqslant n/s$。每个粗粒化后的时间序列长度等于原始时间序列长度除以尺度因子s，当尺度因子等于 1 时，$z^s(j)$就等于初始时间序列$y(i)$。

（2）计算每个粗粒化后时间序列的排列熵，然后以尺度因子s为自变量，绘制相应的排列熵函数。经过上述计算过程后，我们就可求出离散时间序列的 MPE 值。

从图 3-4 中可以清楚地看出 PE 算法和 MPE 算法之间的不同之处。将多尺度与排列熵相结合可以有效地度量时间序列的复杂度，更好地反映小麦光子信号的非平稳性和非线性行为。然而，MPE 算法也存在一些不足之处：①当初始时间序列长度较短时，熵值的计算精度显著降低且稳定性变差；②随着尺度因子的增大，可计算熵值的序列越来越短，熵值误差不断累加，致使表征系统的精确性降低；③从 MPE 定义可知，粗粒化过程是对部分初始序列求平均值的一个过程，降低了对序列中变动部分的敏感性[68]。

鉴于 MPE 算法的局限性，本节在 MPE 算法的基础上，引入了修正多尺度排列熵（modified multiscale permutation entropy, MMPE）算法，对粗粒化过程进行了改进，实现了提升 MPE 算法性能的目的，从而更好地解决了由粗粒化引起的序列“断点”处熵值突变的问题[69]。对初始时间序列$y(i)$在尺度因子s范围内进行顺序移位，得到s组新的粗粒化时间序列。以$s=4$为例，具体过程如图 3-5 所示。

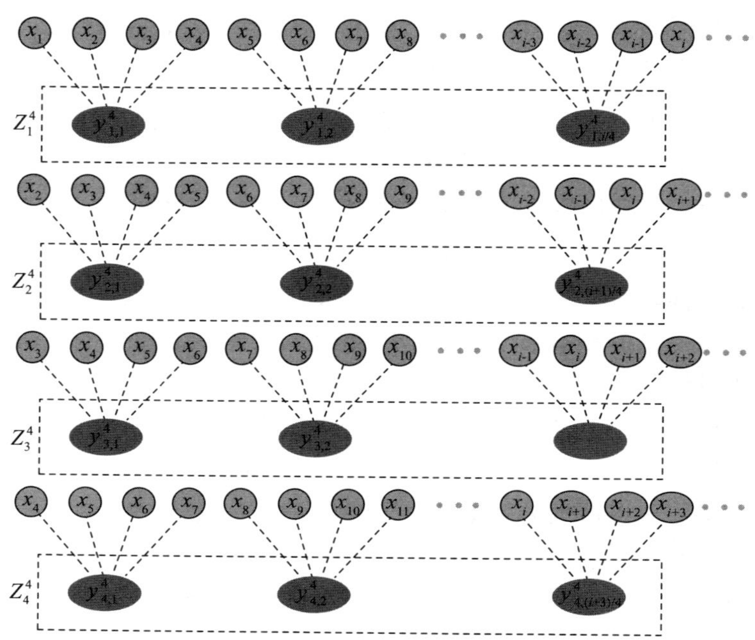

图 3–5　在 MMPE 算法中尺度因子$s=4$的序列粗粒化示意

得到的s组新序列可表示为

$$\begin{cases} z_i^{(s)}=\{y_{i,1}^{(s)},y_{i,2}^{(s)},\cdots\} \\ y_{i,j}^{(s)}=\dfrac{\sum\limits_{\tau=0}^{s-1}x_{\tau+i+s(j-1)}}{s} \end{cases} \tag{3-9}$$

对每一组新构建的粗粒化序列z_i^s（$i=1,2,\cdots,s$）分别计算出其 PE 值，然后求出s组中每一组的平均 PE 值，具体过程可以由式（3–10）表示：

$$\mathrm{MMPE}(x,s,m,\tau)=\frac{1}{s}\sum_{i=1}^{s}\mathrm{PE}(z_i^s) \tag{3-10}$$

式中，m为嵌入维数；τ为时延参数。

图 3-6 分别给出了 4 个年份实仓存储小麦样本 UWL 信号在不同尺度因子下的 MPE 和 MMPE 值。由图 3-6 可明显看出，与 MPE 算法相比，MMPE 算法不仅有效解决了 MPE 值存在的局部抖动问题，还通过顺序移位后再求均值的方法使 MPE 算法中由粗粒化引起的序列“断点”处熵值易突变的问题得到了有效解决，进一步提升了 MPE 算法的性能。

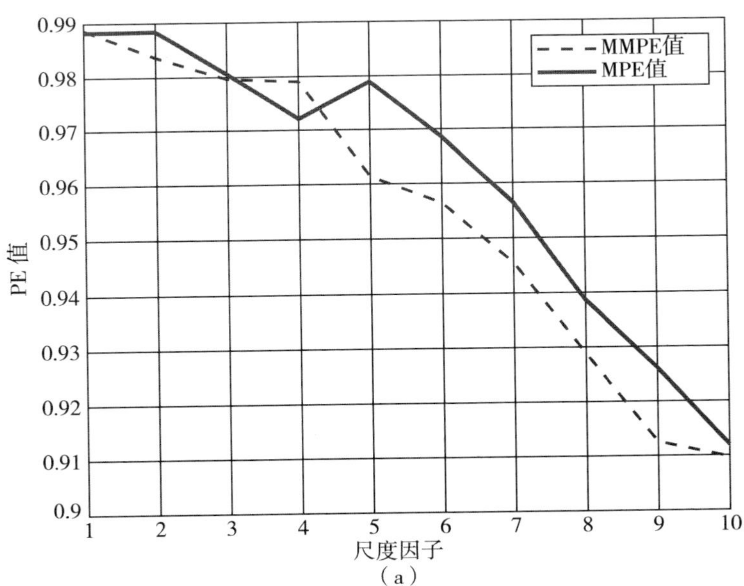

（a）

1
0.99
0.98
0.97
0.96
0.95
0.94
0.93
0.92
0.91
0.9
PE值
MMPE值
MPE值
1
2
3
4
5
6
7
8
9
10
尺度因子

（b）

0.99
0.98
0.97
0.96
0.95
0.94
0.93
0.92
0.91
PE值
MMPE值
MPE值
1
2
3
4
5
6
7
8
9
10
尺度因子

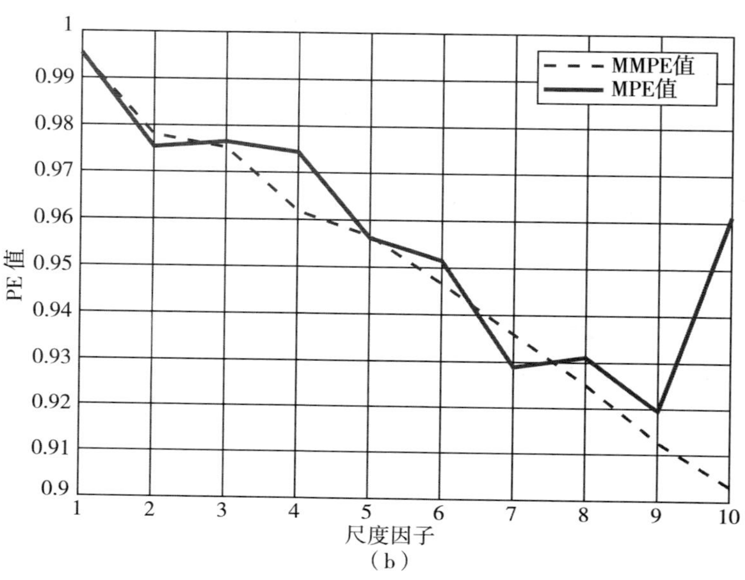

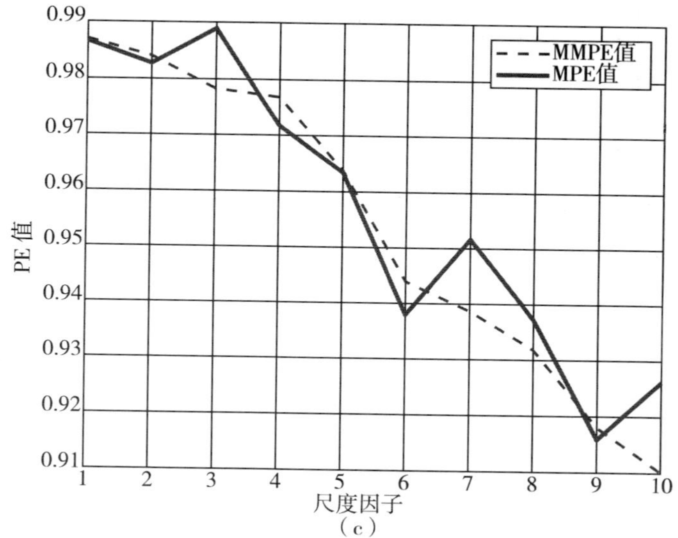

（c）

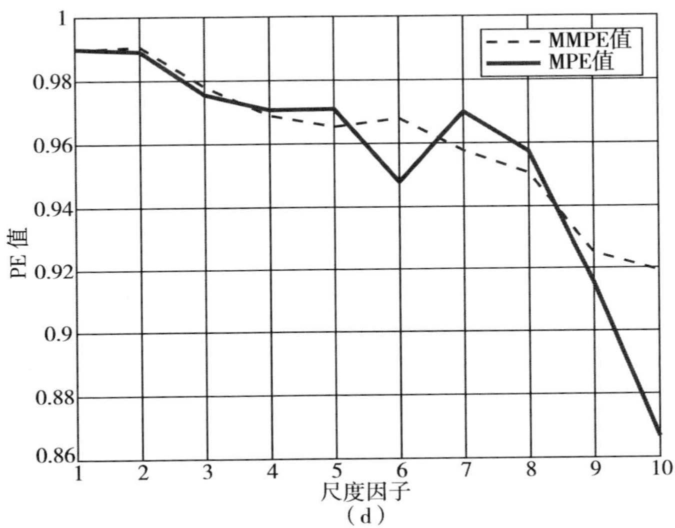

图 3–6　4 个年份实仓存储小麦样本 UWL 信号在不同尺度因子下的 MPE 和 MMPE 值

（a）SW2015 小麦样本 UWL 信号的 MPE 和 MMPE 值；（b）SW2016 小麦样本 UWL 信号的 MPE 和 MMPE 值；（c）SW2017 小麦样本 UWL 信号的 MPE 和 MMPE 值；（d）SW2018 小麦样本 UWL 信号的 MPE 和 MMPE 值

3.1.2　基于 AMMPE 算法的 UWL 信号特征提取方法

如果把待测小麦样本比作一个大系统，那么单颗小麦籽粒就可看作一个子系统，由于每个子系统之间的 UWL 信号都存在一定的相互作用，因此整个小麦样本大系统所表现出的整体 UWL 信号并不能简单地由单个小麦子系统的 UWL 信号叠加得出。事实上，所有小麦子系统的 UWL 信号会通过某种特定方式联系起来，表现出一种整体“合作辐射”行为，即实际观测到的小麦样本 UWL 信号。为了进一步准确反映不同新陈度状态下小麦 UWL 信号的特征，本节在 MMPE 的基础上提出了一种自适应修正多尺度排列熵（adaptive modified multiscale permutation entropy, AMMPE）算法。AMMPE 算法通过引入局部均值分解算法，先对小麦样本 UWL 信号进行自适应分解，再计算各个分量信号的 MMPE 值，实现了对小麦样本 UWL 信号的多维度特征提取。局部均值分解（local mean decomposition, LMD）算法是由 Smith 于 2005 年提出的一种信号自适应分解方法，可用于分析任意信号数据，特别是在解析生物信号方面表现出独特优势[70]。LMD 算法的基本思想是逐步分离频率调制信号和振幅调制包络信号，将初始复杂信号逐步分解成一系列单分量信号的乘积与一个残余信号之和。在运用 LMD 算法时，我们习惯上将单分量信号称作乘积函数（product function, PF）。事实上，PF 可看作一个纯调频信号与一个包络信号的乘积，瞬时频率和瞬时幅值可从相应的纯调频信号和包络信号中直接求得，从而赋予每个 PF 分量明确的物理意义。

LMD 算法是通过采用移动平均方法并对信号进行逐步平滑来实现的，具体的计算步骤如下：

（1）假设一个初始信号$x(t)$，找出$x(t)$中全部极小值点和极大值点，用n_i表示，然后利用式（3-11）计算两个相邻极值点n_i与n_{i+1}之间的局部均值m_i：

$$m_i = \frac{n_i + n_{i+1}}{2} \tag{3-11}$$

将上面计算出的全部局部均值m_i用线连接起来，然后采用经典滑动平均算法滤除数据中的频繁起伏项[71]，得到平滑的局部均值函数$m(t)$。

（2）利用式（3-12）计算出所有的包络估值e_i，采取步骤（1）中相同的平滑方法得到相应的平稳连续包络估值函数$e(t)$：

$$e_{(t)}=\frac{\left|n_i-n_{i+1}\right|}{2} \tag{3-12}$$

用初始信号$x(t)$减去局部均值函数$m(t)$后得到新信号$h(t)$：

$$h(t)=x(t)-m(t) \tag{3-13}$$

紧接着用$h(t)$除以包络估值函数$e(t)$得到$s(t)$：

$$s(t)=h(t)/e(t) \tag{3-14}$$

此过程的目的是产生一个纯调频信号$s(t)$（信号的包络为一条水平直线），从中得到一个正的瞬时频率。若产生的信号并非纯调频信号，则需要重复该过程。重复次数（或迭代次数）使用下标q表示。在推导调频信号过程中，将获得的连续包络估计值相乘，即可得到相应的包络信号，用包络信号乘调频信号得到第一个积函数。紧接着从初始信号中减去该积函数，对得到的结果信号重复上述整个过程，形成第二个积函数，以此类推。积函数的编号用下标p表示。连续局部均值函数、包络估值函数和调频信号函数分别表示为$m_{pq}(t)$、$e_{pq}(t)$和$s_{pq}(t)$。最终的包络估值函数$e_p(t)$、瞬时相位函数$\varphi_p(t)$和瞬时频率函数$\omega_p(t)$都用单下标表示由对应的积函数所求出的最终结果，积函数用$PF_p(t)$表示。

首次得到的局部均值函数和包络估值函数可以标记为$m_{11}(t)$和$e_{11}(t)$，新得到的信号$h_{11}(t)$可表示为

$$h_{11}(t)=x(t)-m_{11}(t) \tag{3-15}$$

用$h_{11}(t)$除以包络估值函数$e_{11}(t)$得到$s_{11}(t)$，即

$$s_{11}(t)=h_{11}(t)/e_{11}(t) \tag{3-16}$$

此时又可计算出$s_{11}(t)$的包络估值函数$e_{12}(t)$。若$e_{12}(t)\neq 1$，则将$s_{11}(t)$作为新的初始信号重复执行上述步骤，直到$s_{1n}(t)$的包络估值函数$e_{1(n+1)}(t)=1$为止，这样可以充分保证$s_{1n}(t)$是一个纯调频信号，具体迭代过程如下：

$$\begin{cases} h_{11}(t)=x(t)-m_{11}(t) \\ h_{12}(t)=s_{12}(t)-m_{12}(t) \\ \qquad\vdots \\ h_{1n}(t)=s_{1(n-1)}(t)-m_{1n}(t) \end{cases} \tag{3-17}$$

式中，

$$\begin{cases} s_{11}(t)=h_{11}(t)/e_{11}(t) \\ s_{12}(t)=h_{12}(t)/e_{12}(t) \\ \qquad\vdots \\ s_{1n}(t)=h_{1n}(t)/e_{1n}(t) \end{cases} \tag{3-18}$$

（3）将式（3-18）中的所有包络估值函数$e_{1q}(t)$相乘后，就可得到$PF_1(t)$分量的包络估值函数$e_1(t)$，即

$$e_1(t)=e_{11}(t)e_{12}(t)\cdots e_{1n}(t)=\prod_{q=1}^{n}e_{1q}(t) \tag{3-19}$$

其中包络估值函数$e_{1n}(t)$的极限为

$$\lim_{n\to\infty}e_{1n}(t)=1 \tag{3-20}$$

给定调频信号$s_{1n}(t)$，可以直接推导出瞬时频率。调频信号可表示为

$$s_{1n}(t)=\cos\varphi_1(t) \tag{3-21}$$

其中$\varphi_1(t)$表示瞬时相位，即

$$\varphi_1(t)=\arccos(s_{1n}(t)) \tag{3-22}$$

需要注意的是，在计算瞬时相位时，$s_{1n}(t)$一定要满足$-1\leqslant s_{1n}(t)\leqslant 1$。在实际算法设计过程中，只要$e_{1n}(t)\approx 1$即可停止迭代，此时$s_{1n}(t)$中任意接近±1的极值都可以直接设定为±1。对瞬时相位$\varphi_1(t)(-\pi\leqslant\varphi_1(t)\leqslant\pi)$求导，便可直接求出对应的瞬时频率$\omega_1(t)$，即

$$\omega_1(t)=\frac{\mathrm{d}\varphi_1(t)}{\mathrm{d}t} \tag{3-23}$$

（4）用包络估值函数$e_1(t)$乘$s_{1n}(t)$得到 PF 的第一个分量，记为

$$PF_1(t)=e_1(t)s_{1n}(t) \tag{3-24}$$

（5）用初始信号$x(t)$减去$PF_1(t)$，得到新信号的函数表达式$u_1(t)$。然后把$u_1(t)$看作新的初始信号重复步骤（1）～（5），直到残余分量$u_k(t)$为一个常数或不包含任何振荡因子为止，即

$$\begin{cases}u_1(t)=x(t)-PF_1(t)\\u_2(t)=u_1(t)-PF_2(t)\\\quad\vdots\\u_k(t)=u_{k-1}(t)-PF_k(t)\end{cases} \tag{3-25}$$

当整个 LMD 过程结束之后，初始信号$x(t)$就可被重构为

$$x(t)=\sum_{p=1}^{k}PF_p(t)+u_k(t) \tag{3-26}$$

式中，k为初始信号$x(t)$经 LMD 后的 PF 分量数目。

图 3-7 给出了 SW2017 小麦样本 UWL 信号的 LMD 示意图，从多次实验结果来看，对初始信号的特征提取主要依赖于前几个 PF 分量和残差信号。因此，在整个算法设计过程中，为了兼顾算法的有效性和对初始信号特征提取的完整性，本节在处理过程中设定 LMD 算法的最大迭代次数为 30，PF 信号的最大数目为 5，且整个过程都使用逐步平滑来完成。从图 3-7（c）可看出，小麦 UWL 信号经 LMD 后可得到不同的 PF 分量，且各个 PF 分量的频率总体上按照分解的先后顺序呈现逐步递减趋势。

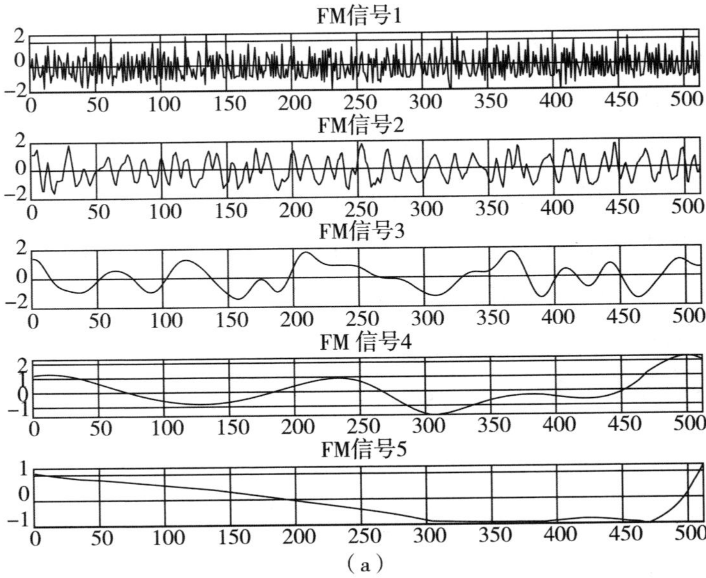

（a）

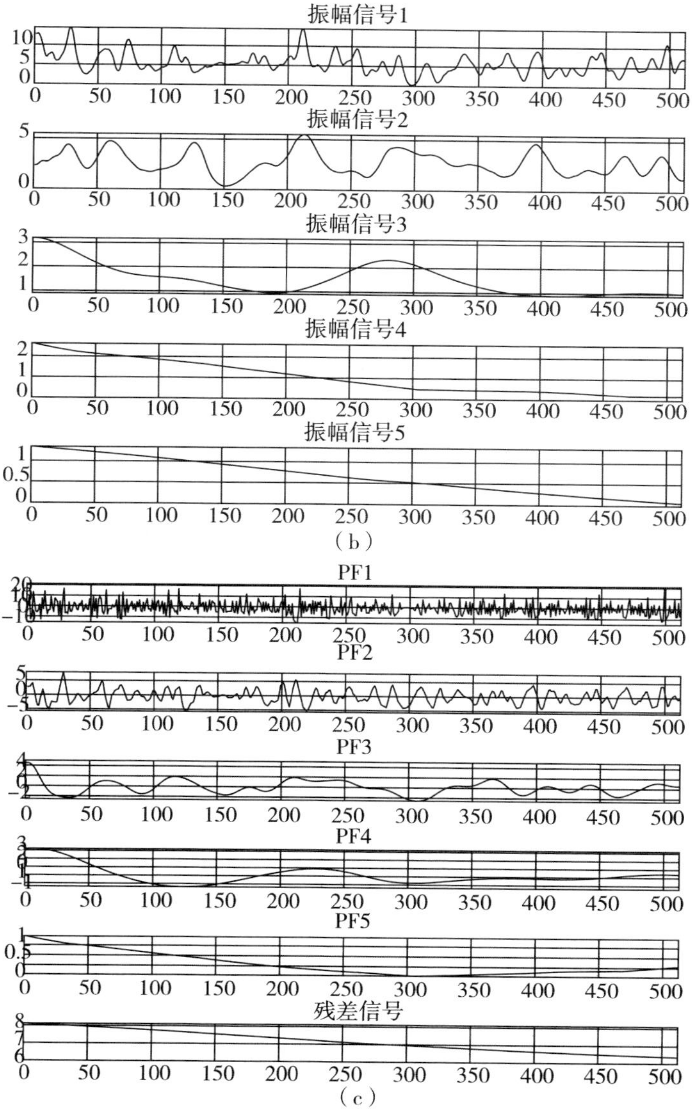

图 3-7　SW2017 小麦样本 UWL 信号的 LMD 示意

（a）SW2017 小麦样本 UWL 信号的频率分解图；（b）SW2017 小麦样本 UWL 信号的幅度分解图；（c）SW2017 小麦样本 UWL 信号的最终 LMD 结果

为了进一步确定小麦样本UWL信号经LMD后各PF分量使用MMPE进行特征提取的有效性，图3-8给出了4个年份实仓存储小麦在5个PF分量数目下的平均MMPE值。从图3-8可看出，4个年份小麦UWL信号的前3个分量信号的平均MMPE值具有比较明显和稳定的区分度，且前3个分量信号中的平均MMPE值随着储藏年份的延长而逐步增大。随着PF分量数目的增加，不同年份小麦UWL信号之间的MMPE值的差异逐渐变小，甚至有些年份小麦的UWL信号的高阶PF分量已经无法计算出来，因此本章在接下来构建检测模型的过程中仅考虑前3个PF分量的MMPE值。

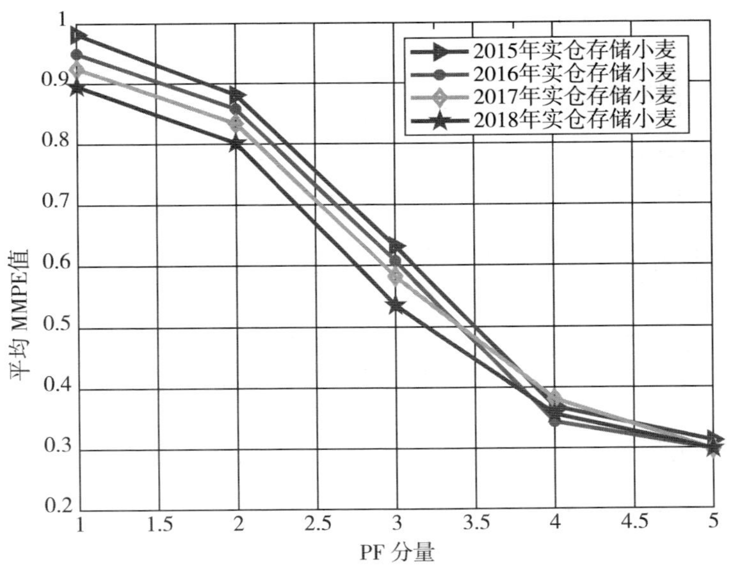

图3-8 4个年份实仓有储小麦UWL信号在不同PF分量下的平均MMPE值

本节将 LMD 和 MMPE 算法进行有效结合构成了 AMMPE 算法，用于对小麦样本 UWL 信号的多维度特征提取，整个计算过程如图 3-9（b）所示：首先对预处理后的小麦样本 UWL 信号进行 LMD 自适应分解，得到一系列 PF 分量；然后计算分解信号中前 3 个主分量的 MMPE 值，实现对小麦样本 UWL 信号进行多维度特征提取的目的。

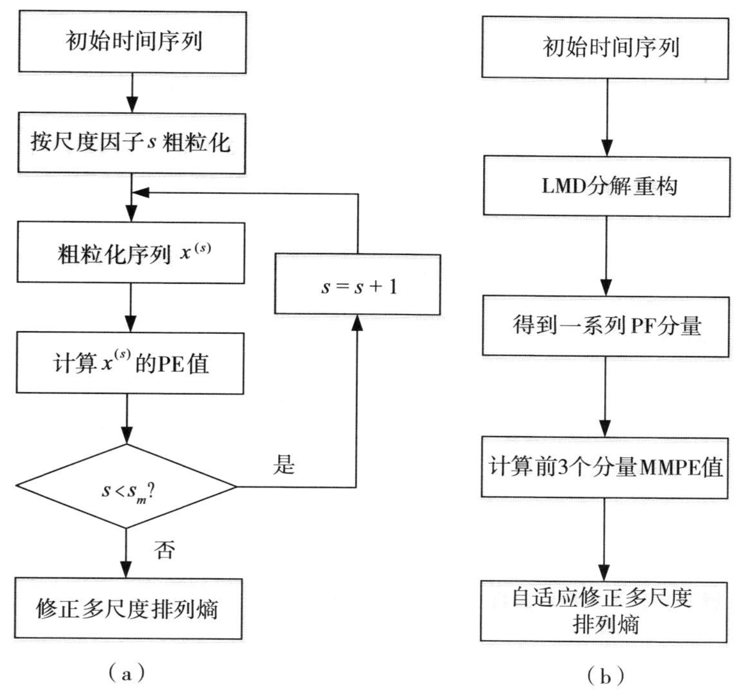

图 3-9　修正多尺度排列熵与自适应修正多尺度排列熵计算流程图

（a）修正多尺度排列熵算法；（b）自适应修正多尺度排列熵算法

AMMPE 算法的具体计算步骤如下。

（1）用 $\{X_t\}$ 表示经过预处理后的小麦样本 UWL 信号，

首先使用 LMD 算法对初始信号$\{X_t\}$进行分解和重构，计算得出k个$PF_p(t)$分量，其中$p=1,2,\cdots,k$。

（2）选取分量信号变化比较集中的前 3 个$PF_p(t)$分量，并计算各个$PF_p(t)$分量的 MMPE 值，记为PF_p-MMPE，其中$p=1,2,3$。

从图 3-9 可看出，与 MMPE 算法相比，AMMPE 算法具有以下几个方面的优势。

（1）AMMPE 算法采用了 LMD 方法对小麦样本 UWL 信号进行自适应分解和重构，最终将一个复杂信号重构成多个分量信号的线性迭加。无论是 MPE 还是 MMPE 算法都对样本信号进行了粗粒化分割并求平均值，因此它们获取的只是样本信号中的低频信息。而 AMMPE 算法通过对样本 UWL 信号进行自适应分解后，能更加动态、完整地反映样本信号。

（2）使用 AMMPE 算法得到的各重构分量的 MMPE 值与重构前样本 UWL 信号 MMPE 值构成特征向量后，再输入分类器中进行训练和测试，有助于进一步提升检测模型的分类准确率和泛化性能。

（3）由于 AMMPE 算法有效选取和计算了样本 UWL 信号变化比较集中的前 3 个主要 PF 分量的 MMPE 值，因此整个算法具有较高的效率。

在 AMMPE 算法的最优参数选择过程中，前面已经选定了自适应分解部分的参数，接下来将对 MMPE 算法中的最优参数进行选取。由于 MMPE 算法是基于 MPE 算法的一种移位扩展，因此可先对 MPE 算法中的最优参数进行选定。从先前 MPE 的计算过程来看，MPE 算法需重点考虑以下 4 个参数的最优选择：嵌入维数m、延迟时间τ、数据

长度N和尺度因子s。又因为 MPE 算法是在 PE 算法的基础上演变而来的，所以可先借助 PE 算法确定前 3 个参数的最优取值。为了研究 PE 算法中 3 个参数对其取值的影响程度，本节选取了一段实测长度$N=2\,000$的 SW2017 小麦样本 UWL 数据在不同嵌入维数m下（固定其他两个参数）的 PE 值进行比对分析，并最终选出最优嵌入维数m的取值。SW2017 小麦样本的 UWL 信号如图 3-10 所示。

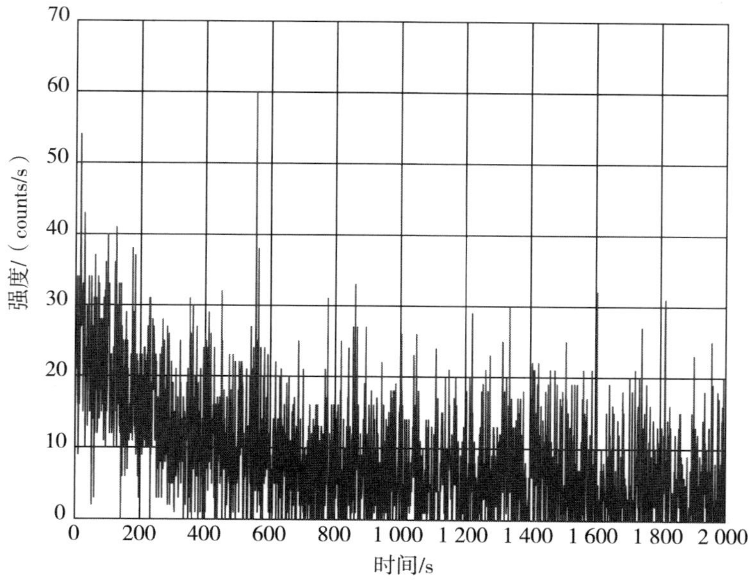

图 3-10　SW2017 小麦样本的 UWL 信号

首先，我们可设定 MPE 算法中的尺度因子$s=1$，然后在对 PE 算法的仿真中选择合适嵌入维数m。Christoph et al.[64] 在提出 PE 算法的同时给出了嵌入维数m的建议取值范围：$3 \leqslant m \leqslant 7$。Mariano[72] 指出，当初始数据长度$N$和嵌入维数$m$满足$N \geqslant 5m!$时，计算出的 PE 结果比较可靠。当$m$较小时，序列重构后的概率模式也相对较少；当$m$太大时，计算量呈现指数级增长趋势，严重影响了模型的整体识别效率。因此，为了选出最优的m，我们不仅要通过多次实验验证，还要考虑整个信息的完整性及模型的计算性能[73]。

为了研究不同样本数据长度对 PE 的影响程度，本节绘制了在不同嵌入维数m和数据长度N的条件下小麦样本 UWL 信号的 PE 值（见图 3-11）。从图 3-11 可明显看出，当样本数据长度$N \geq 512$时，PE 值相对稳定。当$2 \leq m \leq 4$时，不同数据长度之间的 PE 值相差较小；当$m = 4$，$N = 512$和$N = 1\,024$时，两者的 PE 值仅相差 0.000 5。因此，当$m = 4$时，只要数据长度$N \geq 512$就可得到相对稳定的 PE 值。为了提高小麦样本 UWL 信号的采集效率，经过综合考虑以上因素后，本节最终选定嵌入维数$m = 4$和数据长度$N = 512$。

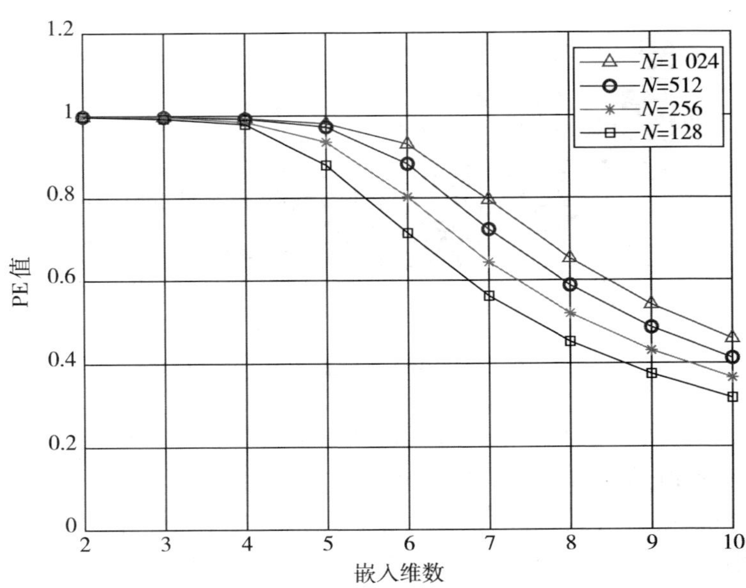

图 3-11　UWL 信号在不同数据长度下的 PE 值

下面研究延迟时间τ对 PE 值的影响。图 3-12 给出了在不同嵌入维数m和不同延迟时间τ的条件下，PE 值与τ之间的关系。从图 3-12 中可以看出，在不同嵌入维数m和不同延迟时间τ下的 PE 值曲线基本上是重合的，这表明τ对 PE 值的影响很小。例如，当$m=4$时，$\tau=1$和$\tau=6$的 PE 值相差仅为 0.000 6。因此，为了后续计算方便，本节选定延迟时间参数$\tau=1$。

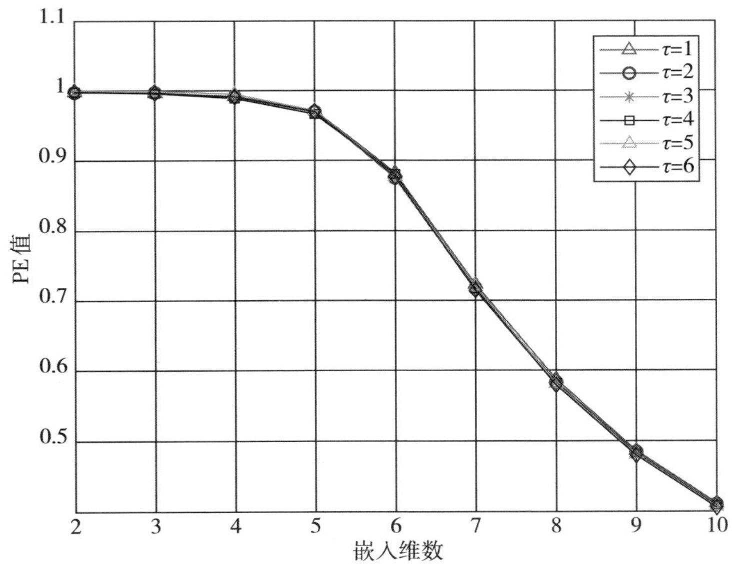

图 3-12　UWL 信号在不同延迟时间下的 PE 值

经过上面一系列实验分析之后，本节选择$m=4$，$\tau=1$，$N=512$作为最终的 PE 参数。对 MPE 算法而言，尺度因子s的取值直接决定了 MPE 算法的整体性能。Christoph 和 Berndt 指出尺度因子的选取是由初始时间序列的长度来决定的[64]。由于受到初始数据长度的限制，s一般取值2、4、6、8、10。

图3-13给出了4个年份实仓存储小麦样本UWL信号在不同尺度因子下的归一化MPE值。从图中可以明显看出，随着尺度因子s的增大，4个年份小麦样本UWL信号的MPE值呈现波动下降的趋势，且它们之间的差异也愈加明显。然而，当s取值太大时，相应的计算量也在逐步增加。因此，在综合考虑MPE差异性和计算复杂度后，本节最终将尺度因子设定为$s=10$。

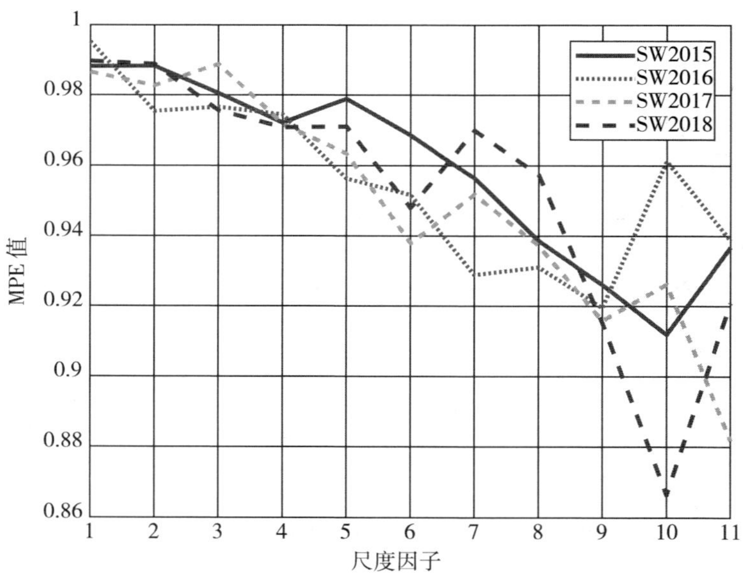

图3-13　不同尺度因子下SW2015 ~ SW2018小麦样本UWL信号的归一化MPE值

3.2　基于前置高斯核 BP 神经网络的检测模型

3.2.1　前置高斯核 BP 神经网络

BP 神经网络是由 Rumelhart 等于 1986 年共同提出的一种多层前馈型人工神经网络，也是当前应用最为广泛的神经网络之一[74-79]。BP 神经网络一般由输入层、隐藏层和输出层组成。输入层（input layer）主要用于接收输入数据作为该层的输入；隐藏层（hidden layer）又被称为隐层，它位于输入层和输出层之间，是由大量神经元并列组成的中间网络层，为了提高神经网络的分类或预测精度，隐层可布置一层或者多层；输出层（output layer）是将信号在网络中经过神经元的传输、内积、激活作用后，形成最终输出。

图 3-14 给出了一个 3 层结构的 BP 神经网络模型，从左到右依次为输入层，输入向量为$[x_1,x_2,x_3]$；隐藏层，w_{ij}和w_{jk}表示层与层之间的连接权值；输出层，输出向量为$[y_1,y_2,y_3]$；i、j、k分别代表输入层、隐层和输出层节点的数量。众多实验证明，单个隐层的 BP 神经网络就具备以任意精度逼近任何非线性函数的能力[80-82]。

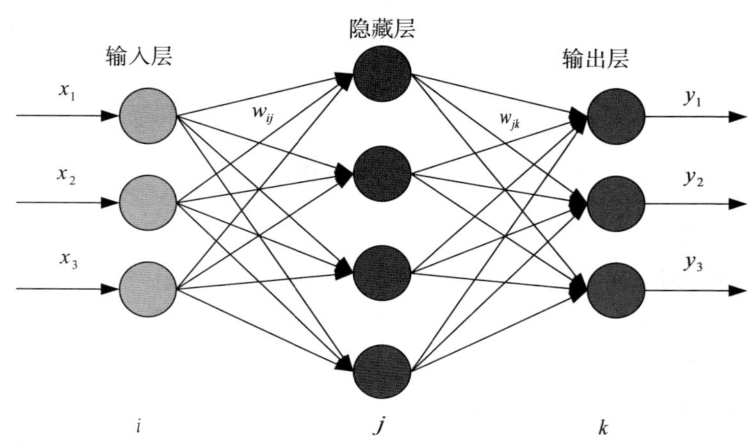

图 3-14　BP 神经网络的结构示意

BP 神经网络的核心思想是误差反向传播，具体计算过程如下：首先将预处理后的数据（通常会进行零均值化、归一化操作等）送到输入层，这些数据经过隐层后最终被传递到输出层；然后将网络输出值和真实值（期望值）做比较，当两者之间的误差达不到预设精度时，网络就会从输出层开始逐层反馈该误差信息，并调整各层之间的权值和偏置；当全部参数被更新完毕之后，紧接着运行一次正向传播算法，得到新的损失值，然后对新的误差进行判定，不满足预设精度时，再进行误差反向传播，直到满足预设精度阈值或循环次数为止，此时整个 BP 神经网络训练过程结束，并"学习"到了最优网络连接参数；最后基于已经训练好的网络，对未知样本数据进行分类或预测。

在一次正向传播结束后，BP 神经网络的损失函数$L(\boldsymbol{\theta})$可表示为

$$L(\boldsymbol{\theta}) = 1/2(\boldsymbol{y} - \boldsymbol{o}^{L})^{2} \tag{3-27}$$

式中，$\boldsymbol{y}$表示期望输出值（真实值）；$\boldsymbol{o}^L$为网络的实际输出值，上标L表示网络的最后一层，即输出层；系数 1/2 是为了便于后续求导运算。反向传播算法通过逐层改变网络中权重参数$\boldsymbol{w}$和偏置$\boldsymbol{b}$以实现减小损失函数$L(\boldsymbol{\theta})$值的目的。为了找到$L(\boldsymbol{\theta})$的最小值，我们需要沿着与梯度向量相反的方向$-\partial L / \partial \theta$不断更新变量$\boldsymbol{\theta}$值，直到$L(\boldsymbol{\theta})$收敛到最小值为止，这就是梯度下降算法的核心思想，用公式可表示为

$$\boldsymbol{\theta} \leftarrow \boldsymbol{\theta} - \eta \frac{\partial L}{\partial \boldsymbol{\theta}} \tag{3-28}$$

式中，$\eta \in R$，表示学习率，属于网络中的超级参数（超参），需自行设置，主要用于控制$L(\boldsymbol{\theta})$下降的快慢（幅度）；参数$\boldsymbol{\theta}=\{w_1,w_2,\cdots,b_1,b_2,\cdots\}$是由网络中所有权重和偏置组成的向量，统称为网络参数。随后对损失函数$L(\boldsymbol{\theta})$中所有网络参数求偏导，可表示为

$$\nabla L(\boldsymbol{\theta}) = \begin{bmatrix} \partial L(\boldsymbol{\theta}) / \partial w_1 \\ \partial L(\boldsymbol{\theta}) / \partial w_2 \\ \vdots \\ \partial L(\boldsymbol{\theta}) / \partial b_1 \\ \partial L(\boldsymbol{\theta}) / \partial b_2 \\ \vdots \end{bmatrix} \tag{3-29}$$

式中，∇ 为那勃勒算子。

图 3-15 给出了梯度下降算法的示意。从图 3-15 中可明显看出，函数$L(\boldsymbol{\theta})$变化的快慢与对应点导数的绝对值大小呈正比。对于初始参数值$\boldsymbol{\theta}_0$而言，损失函数$L(\boldsymbol{\theta})$增加最快的方向就是梯度向量$\partial L / \partial \boldsymbol{\theta}$的方向，即沿着梯度向量的方向易于找出$L(\boldsymbol{\theta})$的最大值，反之，沿着梯度向量相反的

方向，梯度下降最快，易于找到$L(\boldsymbol{\theta})$的最小值。本节在梯度下降算法的基础上引入列文伯格－马夸尔特（Levenberg-Marquardt, LM）算法[83]。LM 算法中参数更新过程介于梯度下降算法和拟牛顿算法之间。拟牛顿算法是在牛顿算法的基础上发展形成的。梯度下降算法由于只使用了一阶微分信息对参数进行更新，因此其下降过程容易陷入局部最优而很难找到全局最优解。牛顿算法则有效利用了二阶微分信息，能够更快找到全局最优解。

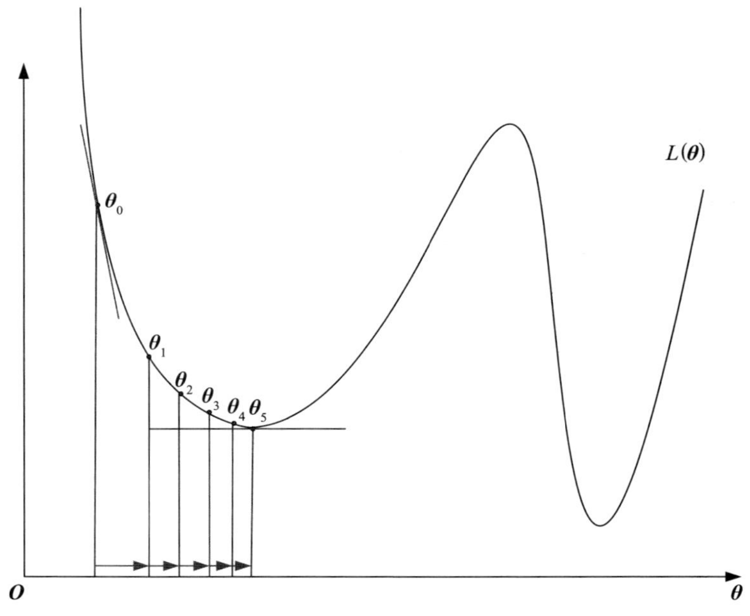

图 3-15　梯度下降算法示意

将损失函数$L(\boldsymbol{\theta})$在$\boldsymbol{\theta}_k$处进行泰勒展开并省略三阶及三阶以上无穷小量，用公式可表示为

$$L(\boldsymbol{\theta}_{k+1}-\boldsymbol{\theta}_k)=L(\boldsymbol{\theta}_k)+\boldsymbol{G}_k^T(\boldsymbol{\theta}_{k+1}-\boldsymbol{\theta}_k)+\frac{1}{2}(\boldsymbol{\theta}_{k+1}-\boldsymbol{\theta}_k)^T\boldsymbol{H}(\boldsymbol{\theta}_k)(\boldsymbol{\theta}_{k+1}-\boldsymbol{\theta}_k) \tag{3-30}$$

式中，$\boldsymbol{G}_k$为$L(\boldsymbol{\theta})$在$\boldsymbol{\theta}_k$处的一阶微分；$\boldsymbol{H}$为$L(\boldsymbol{\theta})$在$\boldsymbol{\theta}_k$处由当前权值和偏置的二阶微分构成的 Hessian 矩阵[84]。

通过对式（3-30）求导并令其等于零，就可以得到牛顿算法中参数$\boldsymbol{\theta}$的更新表达式：

$$\boldsymbol{\theta}_{k+1}\leftarrow\boldsymbol{\theta}_k-\boldsymbol{H}_k^{-1}\boldsymbol{G}_k \tag{3-31}$$

式中，$(\cdot)^{-1}$表示对矩阵求逆运算。

然而，对于前向型 BP 神经网络，Hessian 矩阵的求逆操作运算太过烦琐，所求出的逆矩阵可能存在非正定情况，此时进行参数更新时很难使$L(\boldsymbol{\theta})$函数值变小。为了解决上述问题，有学者提出了一种基于牛顿算法但并不需要计算 Hessian 矩阵的算法，即拟牛顿算法[85]，用公式可表示为

$$\begin{cases}\boldsymbol{H}_k\nabla\boldsymbol{\theta}_k=\nabla\boldsymbol{G}_k\\ \boldsymbol{H}_k^{-1}\nabla\boldsymbol{G}_k=\nabla\boldsymbol{\theta}_k\end{cases} \tag{3-32}$$

式中，$\nabla\boldsymbol{G}_k=\boldsymbol{G}_{k+1}-\boldsymbol{G}_k$，$\nabla\boldsymbol{\theta}_k=\boldsymbol{\theta}_{k+1}-\boldsymbol{\theta}_k$。

和拟牛顿算法类似，LM 算法也是在近似计算出 Hessian 矩阵的基础上以获得高阶训练速度。由于均方误差（mean square error, MSE）以平方和的形式出现，因此 LM 算法中 Hessian 矩阵可近似表示为

$$\boldsymbol{H}=\boldsymbol{J}^{\mathrm{T}}\boldsymbol{J} \tag{3-33}$$

梯度$\boldsymbol{G}$可表示为

$$\boldsymbol{G}=\boldsymbol{J}^{\mathrm{T}}\boldsymbol{\delta} \tag{3-34}$$

式中，$\boldsymbol{J}^{\mathrm{T}}$为雅可比矩阵，由$L(\boldsymbol{\theta})$对权值和偏置的一阶导数构成；$\boldsymbol{\delta}$为误差向量。

此时整个 LM 算法中参数$\boldsymbol{\theta}$的更新过程可表示为

$$\boldsymbol{\theta}_{k+1} \leftarrow \boldsymbol{\theta}_{k} - [\boldsymbol{J}^{\mathrm{T}}\boldsymbol{J} + \mu\boldsymbol{I}]^{-1}\boldsymbol{G}_{k} \tag{3-35}$$

式中，μ为标量因子。当$\mu=0$时，LM 算法就变为拟牛顿算法；当μ取值较大时，LM 算法就变为小步长梯度下降算法。

由式（3-35）可知，雅可比矩阵可通过梯度下降算法直接求出，和直接计算 Hessian 矩阵相比，极大地提高了计算效率。此外，由于拟牛顿算法在误差极小点附近具备优良的收敛特性，因此 LM 算法的目的就是在此条件下尽快转换成拟牛顿算法。LM 算法在实际网络训练过程中若训练成功，误差性能函数就会快速下降，此时可减小μ的取值，反之则增大μ的取值。经过这种弹性调节之后，$L(\boldsymbol{\theta})$通过少数迭代次数之后就能快速达到最小值。图 3-16 给出了 BP 网络在相同网络参数和数据集条件下使用梯度下降算法和 LM 算法的网络损失函数变化曲线。

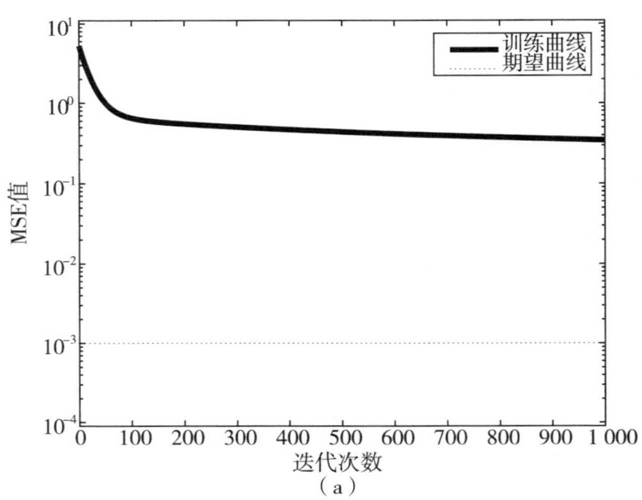

（a）

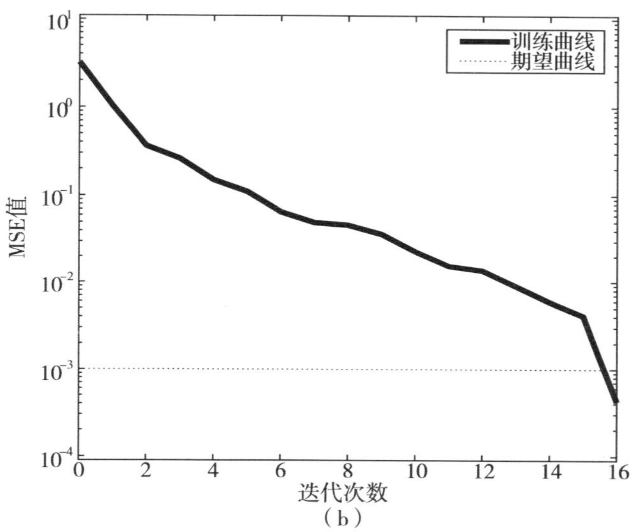

图 3–16　相同参数条件下梯度下降算法和 LM 算法的网络损失函数变化曲线

（a）梯度下降算法；（b）LM 算法

从图 3-16 可明显看出，在同等参数条件下，与梯度下降算法相比，LM 算法历经的迭代次数明显减少，同时 MSE 精度得到了极大提升。

高斯核函数作为一种常用的径向基函数，具有优良的局部响应特性，经其映射后的输出值被限定在 0 和 1 之间，进而使一些离群较远的突变值被压缩到一个有限的空间内，加快了网络的收敛速度。高斯核函数满足 Mercer 定理：函数 K 是从 $\mathbb{R}^n \times \mathbb{R}^n$ 到 $\mathbf{R}$ 上的映射（两个 n 维向量映射到实数域），如果 K 是一个有效核函数（Mercer 核函数），那么训练样本 $\{x_1, x_2, \cdots, x_m\}$ 对应的核函数矩阵一定是对称半正

定的[86]。高斯核函数用公式可表示为

$$k(\boldsymbol{x},\boldsymbol{x}') = \exp(-\frac{\|\boldsymbol{x}-\boldsymbol{x}'\|^2}{2\sigma^2}) \quad (3\text{-}36)$$

式中：$\boldsymbol{x}'$为中心向量；$\|\boldsymbol{x}-\boldsymbol{x}'\|$为输入向量与中心向量之间的欧式距离；$\sigma$为高斯函数的核宽，它能够反映高斯核函数的衰减速度。σ越大表示函数越平滑，覆盖区域越宽；反之函数越尖锐，覆盖区域就越窄（见图 3-17）。

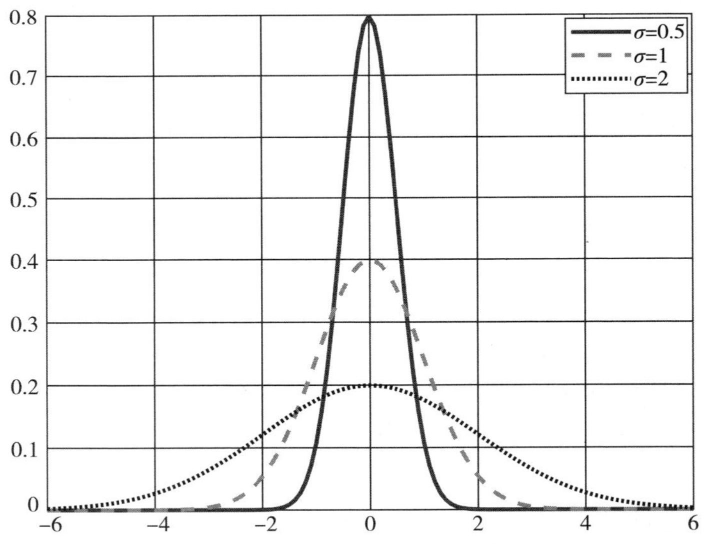

图 3-17　不同σ取值下的高斯概率密度函数分布

为了进一步说明 BP 神经网络中引入前置高斯核的优势，图 3-18 给出了 gaussian-BP 神经网络分类映射效果示意。加入前置高斯核的优势在于：一方面，前置高斯核能将样本空间中可能存在的突变值压缩到一定范围内，加快了 BP 网络的收敛速度；另一方面，通过对样本空间进行映

射转换，新的特征值被划分到各个超立方体顶点附近的区域，有助于进一步提升检测模型的识别性能。从图 3-18 可看出，通过引入前置高斯核，初始样本的可分性得到明显改善，经高斯核函数映射后再输入 BP 网络时，一方面可有效提升网络的收敛速度，避免陷入局部最小的风险；另一方面通过引入前置高斯核，样本的聚类特征更加明显，进一步降低了 BP 网络在调参时凭经验设定的依赖性。

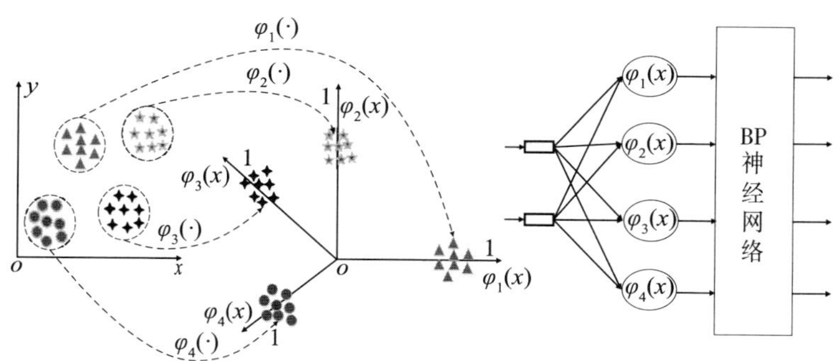

图 3-18 Gaussian-BP 神经网络分类映射示意

图 3-19 给出了整个 Gaussian-BP 神经网络计算流程。在选定高斯核函数之后，我们可以采用 K- 均值聚类法完成对样本特征值的初始分类，具体计算步骤如下：

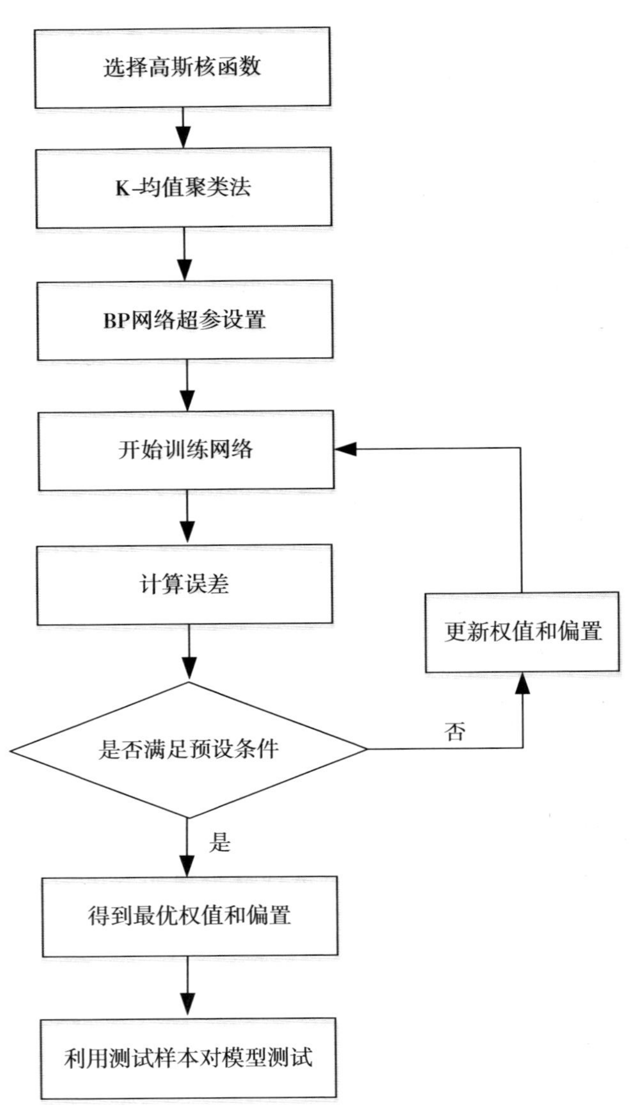

图 3-19　Gaussian-BP 神经网络的计算流程

（1）从训练集 $X_{\text{train}}=\{(\boldsymbol{x}^{(1)},y^{(1)}),(\boldsymbol{x}^{(2)},y^{(2)}),\cdots,(\boldsymbol{x}^{(m)},y^{(m)})\}$ 中按照相应的类别求出每个特征向量的均值 $\boldsymbol{\mu}^{(i)}\in\{1,2,\cdots,C\}$，$m$ 为训练样本数量，$y^{(i)}\in\{1,2,\cdots,C\}$ 为相应的类别标签，C代表所有类别种类，$1\leqslant i\leqslant m$为相应样本标号。

（2）从训练集X_{train}中选出最接近每种类别特征向量均值的样本向量作为初始聚类中心，且标记为$\boldsymbol{\mu}_{\text{mean}}^{(i)}$。

（3）将训练集中任一样本$\boldsymbol{x}^{(k)}(1\leqslant k\leqslant m)$作为输入，计算到$\boldsymbol{\mu}_{\text{mean}}^{(i)}$的距离，并将距离最近者自动划分为该距离中心所代表的类别，即

$$i(\boldsymbol{x}^{(k)})=\arg\min\left\|\boldsymbol{x}^{(k)}-\boldsymbol{\mu}_{\text{mean}}^{(i)}\right\| \tag{3-37}$$

找出相应的i值，并把$\boldsymbol{x}^{(k)}$划分为第i类。

（4）按照下式对聚类中心进行更新：

$$\boldsymbol{\mu}^{(i)}(n+1)=\begin{cases}\boldsymbol{\mu}^{(i)}(n)+\eta[\boldsymbol{x}^{(k)}-\boldsymbol{\mu}^{(i)}(n)] & ,\ i=i(\mathrm{x}^{(k)})\\ \boldsymbol{\mu}^{(i)}(n) & ,\ i=\text{其他}\end{cases} \tag{3-38}$$

式中，η为学习率；n为迭代次数。

（5）判断算法是否收敛，若未收敛，转到第（3）步继续进行迭代。

3.2.2　实验结果及分析

在 Gaussian-BP 网络训练过程中，网络中的超参需要通过人工设定，若直接使用训练集来调节超参，超参往往趋于最大可能的模型容量，容易导致模型出现过拟合情况。为了对网络的超参进行有效调节，本节将训练集划分为两个互斥子集，一个子集用于训练网络参数，另一个子集作

为验证集，用于评估 Gaussian-BP 网络训练后的泛化误差，实现对网络超参的调节。按照第 2 章中小麦样本 UWL 信号测量方法，本节分别对 ASW1 ～ ASW4 人工陈化种麦和 SW2015 ～ SW2018 实仓存储小麦样本进行测量，每种小麦样本各测量 100 组数据，每个样本的数据长度选定为 512，并将 100 组数据按照 6 ： 2 ： 2 的比例随机划分成训练（training）集、验证（validation）集和测试（test）集。

为了便于性能对比，本节首先将 4 个年份实仓存储小麦样本 UWL 信号中每个观测值作为一个单独特征属性直接输入 Gaussian-BP 网络中进行训练和测试，相应的网络超参设置如下：最大训练迭代次数为 1 000 次、学习率设定为 0.01、训练目标（goal）最小误差设为 0.000 1；输入和输出神经元数目分别设定为 512 和 4；隐层神经元数目设定为 10，整个网络误差曲线如图 3-20 所示。从图 3-20 可看出，MSE 虽然在训练集上随着迭代次数的增加呈显著下降趋势，但在整个验证集和测试集中变化不大，说明模型在训练集上表现出的效果好而在测试集上表现差。这主要是因为输入特征数量太多且远大于训练样本数量，输入特征向量中包含大量无效、冗余特征值，且许多特征值之间存在多重共线性，进而造成了过拟合现象。大量冗余特征信息不但增加了分类过程的复杂度，还极大地降低了分类准确率。图 3-20 也从侧面验证了特征提取和特征选择在构建检测模型时的特殊作用和意义。虽然网络在验证集和测试集上的 MSE 表现不佳，但是从训练集上 MSE 收敛情况来看，本节提出的前置高斯核能够实现使整个 BP 网络快速收敛的目的。

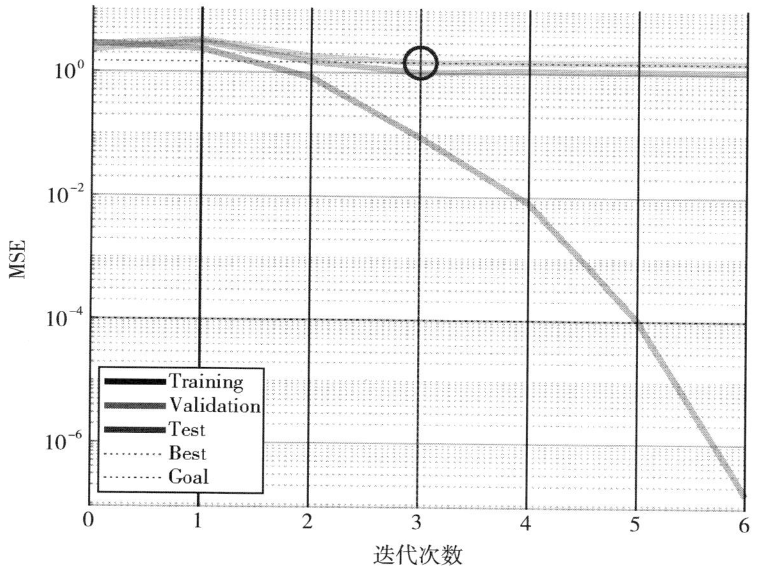

图 3-20　以实仓存储小麦样本 UWL 信号数据作为输入特征向量的 Gaussian-BP 误差曲线

图 3-21 给出了以实仓存储小麦样本 UWL 信号数据作为输入特征的 Gaussian-BP 网络实际输出与期望输出之间的相关性及最终分类结果。从图 3-21 可看出，Gaussian-BP 网络模型虽然在训练集上具有很高的分类精度，但是在验证集和测试集上实际输出和目标输出之间基本不相关，致使最终的分类结果不理想。图中的 R 表示目标输出和实际输出之间的相关系数。

Training: R=0.920 57
Validation: R=0.044 829
Test: R=−0.018 654
All: R=0.666 47
Data
Fit
Y = T
实际输出
目标输出

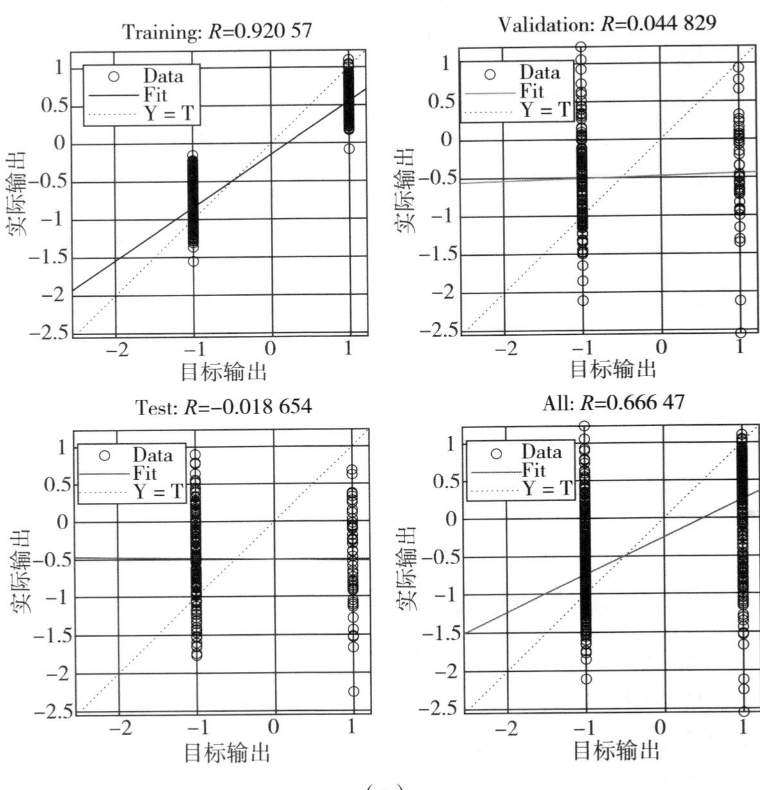

（a）

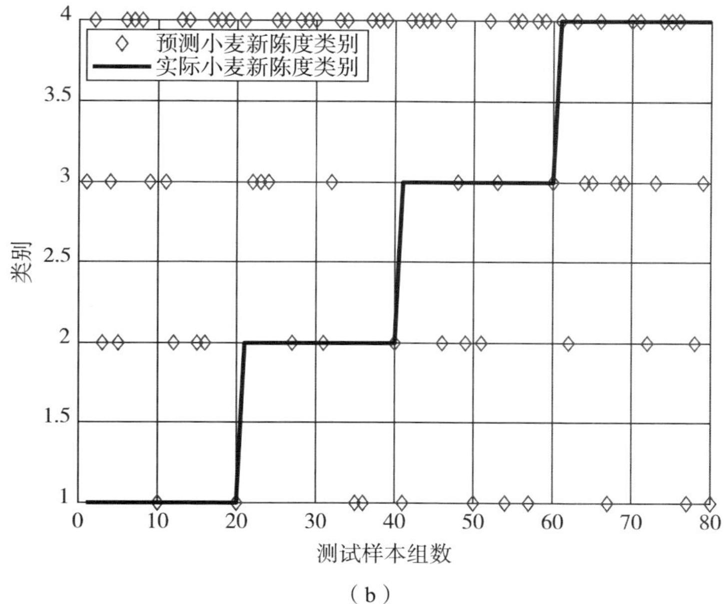

（b）

图 3-21　Gaussian-BP 网络实际输出与期望输出之间的相关性及最终分类结果

（a）Gaussian-BP 网络实际输出与期望输出之间的相关性；（b）Gaussian-BP 网络的最终分类结果

为了进一步提高 Gaussian-BP 网络的分类准确率，本节利用 LMD 算法对小麦样本 UWL 信号进行自适应分解，并分别计算初始样本信号和前 3 个 PF 分量信号的 MMPE 值对 UWL 信号进行特征提取，将 4 个特征值构成的特征向量输入 Gaussian-BP 网络中进行训练和测试。图 3-22 给出了以 MMPE 值作为输入特征向量的 Gaussian-BP 网络误差曲线。与图 3-20 相比，在对 4 个年份实仓存储小麦样本

UWL 信号进行 LMD 自适应分解和特征提取之后，特征向量的表达能力得到了极大的提升；从整个训练过程看，网络 MSE 在训练集和测试集上都达到了预期效果，且仅用较少的迭代次数就可使网络快速收敛。

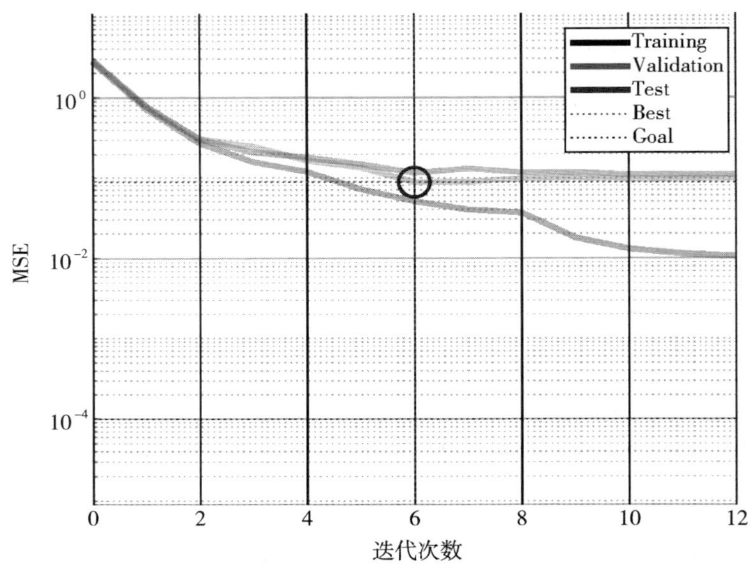

图 3-22　以 MMPE 值作为输入特征向量的 Gaussian-BP 网络误差曲线

图 3-23 给出了使用 AMMPE 算法对 4 个年份实仓存储小麦样本 UWL 信号提取特征值后并经 Gaussian-BP 网络训练和测试后的结果。从图 3-23 中的分类输出结果看，网络实际输出与期望输出之间具备较强的相关性，4 个年份的实仓存储小麦在测试集上的分类准确率达到了 93.75%，同

时也证明了本研究构建的小麦新陈度检测模型能够实现对 4 个年份实仓存储小麦样本的准确识别。

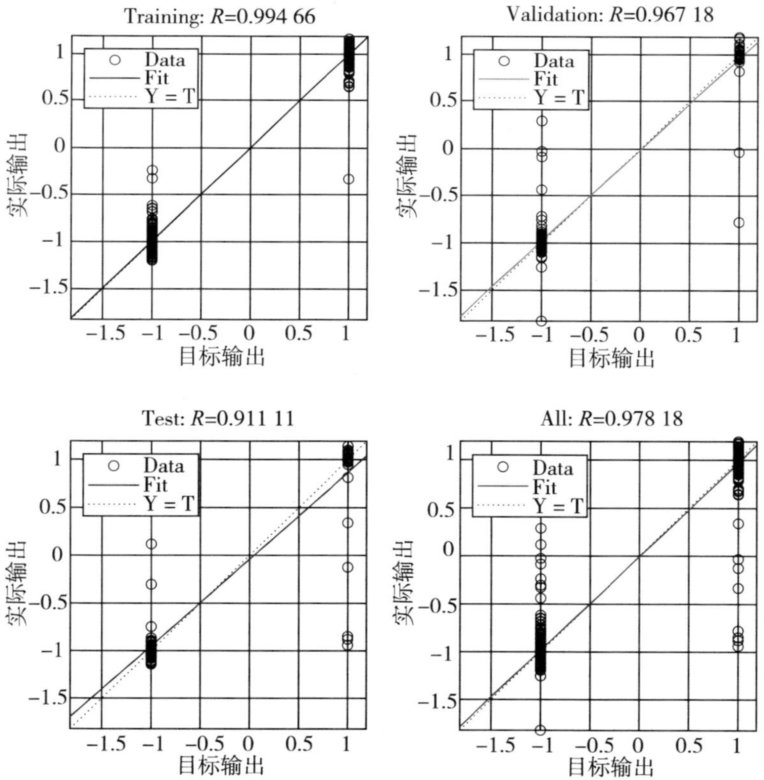

（a）

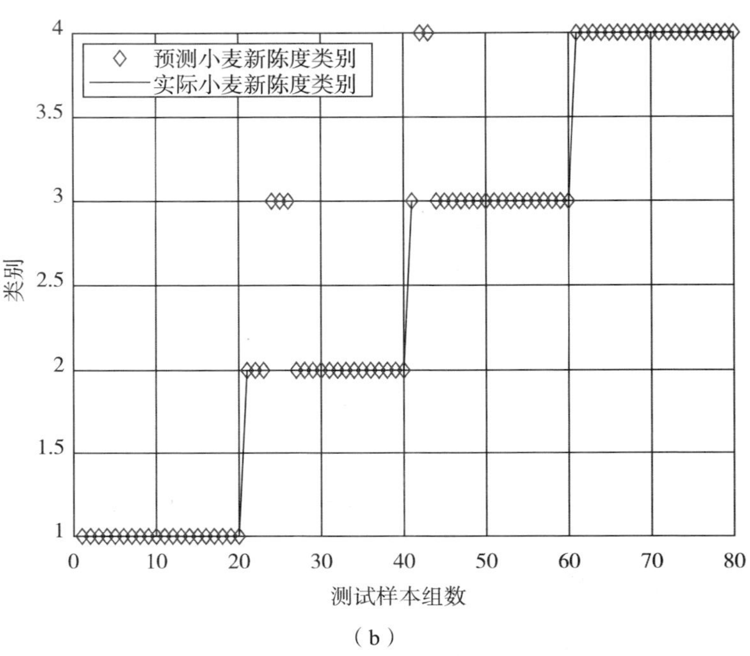

（b）

图 3-23　4 个年份实仓存储小麦样本实际输出与期望输出之间的相关性及最终分类结果

（a）Gaussian-BP 网络实际输出与期望输出之间的相关性；（b）Gaussian-BP 网络的最终分类结果

用上述构建好的小麦新陈度检测模型在相同参数设定条件下对 4 个年份人工陈化种麦进行训练和测试，最终分类结果如图 3-24 所示。从图 3-24 中的分类结果看，和实仓存储小麦相比，4 个年份人工陈化种麦在测试集上的分类准确率达到了 96.25%，比实仓存储小麦样本提升了 2.5%。这主要是因为人工陈化种麦样本使用的是单一种麦，而实

仓存储小麦品种相对较杂且籽粒形态各异，其 UWL 信号的“辐射源”相比人工陈化种麦变得更加复杂一些。

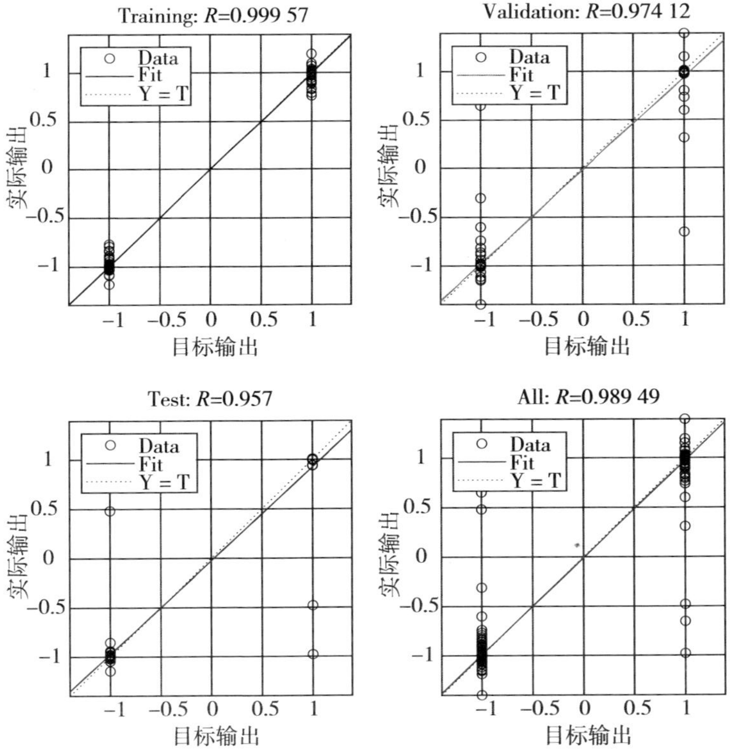

（a）

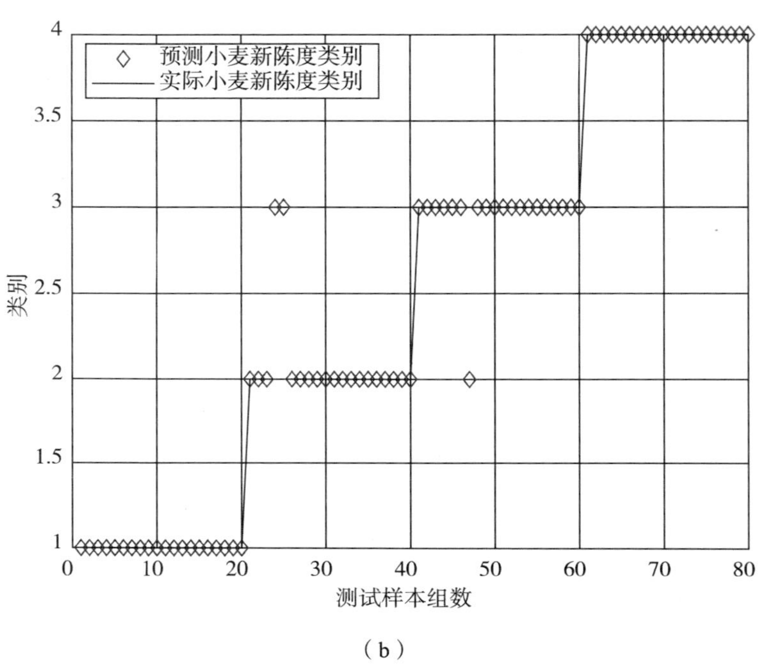

（b）

图 3-24　4 个年份人工陈化种麦实际输出与期望输出之间的相关性及最终分类结果

（a）Gaussian-BP 网络实际输出与期望输出之间的相关性；（b）Gaussian-BP 网络的最终分类结果

3.3　本章小结

针对不同新陈度小麦样本 UWL 信号表现出不同的时空复杂性，本章提出了自适应修正多尺度排列熵算法，分别对样本信号进行特征提取。实验证明，将多尺度概念引入排列熵算法之后，MMPE 算法对小麦样本 UWL 信号的表征性能得到了很大提升。特别是在 AMMPE 算法当中，本研究利用 LMD 算法对 4 个年份小麦样本 UWL 信号进行自适应分解，并发现前 3 个分量信号中的平均 MMPE 值随着储藏年份的延长而逐步增大的规律，说明新提出的算法能够实现对小麦样本信号进行全面动态特征表征。此外，在模型构建方面，本研究在 BP 神经网络中增添了前置高斯核，实现了对样本特征值的预分类，极大地提升了网络的收敛速度。从实验结果来看，本研究构建的小麦新陈度检测模型在 4 个年份实仓存储小麦和人工陈化种麦样本测试集上的分类准确率分别达到了 93.75% 和 96.25%，再次证明了利用 UWL 信号对小麦新陈状态准确解读是一种行之有效的手段。

第4章　基于延迟发光信号的小麦新陈度检测模型

从第 3 章基于 UWL 信号的小麦新陈度检测模型的测试结果来看，模型虽然在两类小麦样本测试集上都表现出优良的识别性能，但是在采集样本 UWL 信号的过程中需要付出较高的时间成本。主要原因如下：一方面，由于小麦籽粒本身的生命活动比较微弱，光子辐射强度较低，致使在进行 UWL 信号采集时，采样时间间隔不宜设置太短，通常需设定在 1 s 或 1 s 以上，因此随着样本 UWL 信号长度的增加和样本数量的增多，花费在采集样本数据上的时间成本也变高了；另一方面，光子信号极易受到实验环境的影响，一旦环境条件发生变化，我们就很难采集到有效的 UWL 信号数据。小麦籽粒作为一种典型的开放生命系统，与外界环境不断进行着物质和能量的交换。在光照激发下，小麦籽粒会不断吸收能量，并在激发过程结束后表现出一种特定的延迟发光（DL）行为。DL 信号不仅具备较高的光子辐射水平，还能展现出良好的抗噪声干扰能力，采样时间间隔也只需设定为 0.1 s 就能采集到有效的光子信号数据。此外，小麦样本 DL 信号能够被双弛豫公式精准拟合，这给我们使用公式中的三个参数对 DL 信号进行特征提取提供了新的思路。然而，小麦籽粒是一种新陈代谢和呼吸作用都比较弱的生命体，即使经过光照激发，DL 信号仍然会在局部范围内有小幅度波动，因此，如果直接使用拟合公式中的三个参数对 DL 信号进行特征提取，就难以反映出整个样本信号的动态变化特征。鉴于此，本章对拟合公式中三个参数所代表的物理学含义进行了不同程度的扩展，以实现基于拟合曲线对小麦样本 DL 信号进行精确表达的目的。最后，在基于 Bi-LSTM 网络构建小麦新陈度检测模型的过程中，本章使用 Walsh 编码对多分类任务进行拆分后，又分别对各个子二分类器进行了训练和测试，使构建的检测模型具备一定的纠错性能。

本章的主要内容如下：4.1 节介绍了对小麦样本 DL 信号进行双曲函数拟合及特征提取方法；4.2 节介绍了基于 Walsh-Bi-LSTM 网络构建小麦新陈度检测模型的方法，重点阐述了本章提出的 Walsh 编码和解码机制在多分类任务拆分中的应用；4.3 节对本章内容进行了总结。

4.1　小麦样本 DL 信号的特征提取

由于 LSTM 是一种善于处理时间序列的网络模型，在对输入数据进行处理时采用的是串行方式，即当前时刻的输出依赖于前一时刻的信息，因此，若将小麦 DL 信号数据直接输入 LSTM 中进行训练，一方面会导致网络模型训练时间过长，影响模型的识别效率；另一方面，由于样本 DL 信号数据一般较长，直接输入网络中会使网络学得到一些无关紧要的细节信息，容易出现过拟合情况。鉴于此，对小麦样本 DL 信号进行特征提取是基于 DL 信号构建小麦新陈度检测模型的关键环节。

4.1.1 DL 信号的双曲函数拟合

从第 2 章中对小麦样本 DL 信号的采集过程来看，DL 信号虽然有效克服了 UWL 信号易被机器噪声湮没的缺点，极大地提高了样本光子信号的信噪比，但是由于小麦生物光子辐射机理的复杂性，样本 DL 信号仍然会在小范围内进行波动。鉴于小麦样本 DL 信号均可被式（2-9）所表示的双曲函数非线性拟合，因此我们完全可以从拟合曲线中提取出能够反映小麦样本 DL 信号的特征信息。

在对小麦样本 DL 信号进行拟合之前，我们首先需要查验经过预处理的样本 DL 信号与式（2-9）所表示的双曲函数的拟合效果，以便对拟合效果进行综合评价。本节分别引入了以下 3 个评价参数：残差平方和（error sum of squares, SSE）、均方根误差（root mean square error, RMSE）及决定系数 R^2（coefficient of determination）。图 4-1 和图 4-2 分别给出了使用双曲函数对人工陈化种麦样本 ASW2 和实仓存储小麦样本 SW2016 的 DL 信号进行双曲拟合的示意。两类小麦样本 DL 信号的双曲拟合参数及评价指标，如表 4-1 所示。表 4-2 给出了其他年份小麦样本 DL 信号的双曲拟合参数及评价指标。

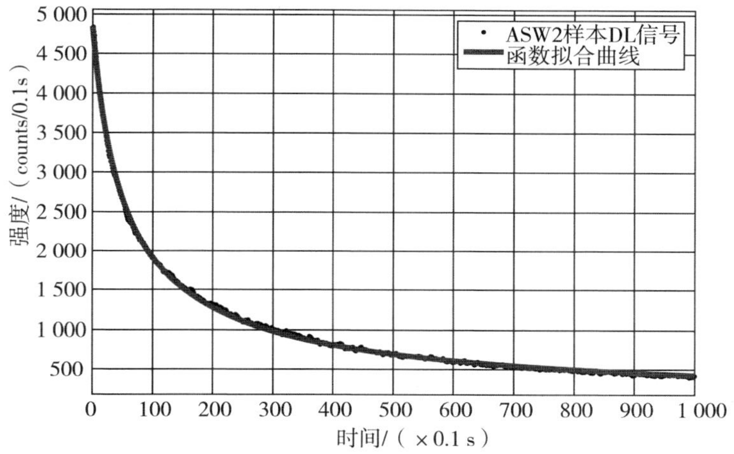

图 4-1　ASW2 样本 DL 信号的双曲函数拟合示意

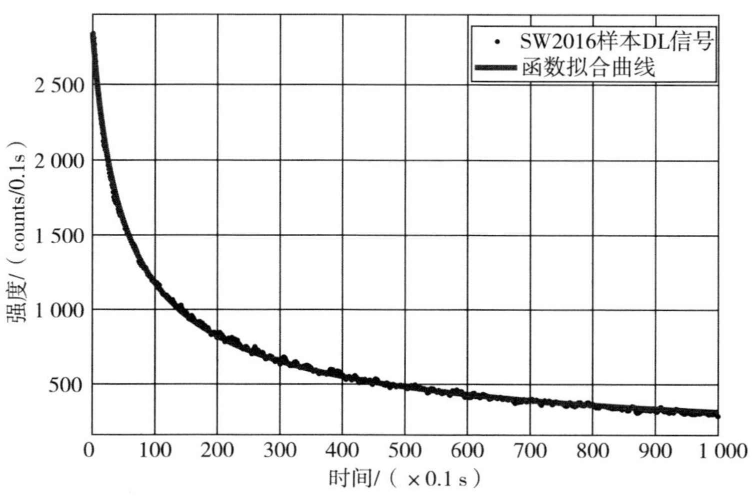

图 4-2　SW2016 样本 DL 信号的双曲函数拟合示意

表4-1 ASW2和SW2016小麦样本DL信号的双曲拟合参数及评价指标

小麦样本	I_0	β	τ	SSE	RMSE	R^2
ASW2	4 848	0.75	40.68	5.70e+05	23.89	0.999 0
SW2016	2 837	0.65	34.46	2.48e+05	15.76	0.998 5

表4-2 其他年份小麦样本DL信号的双曲拟合参数及评价指标

小麦样本	I_0	β	τ	SSE	RMSE	R^2
ASW1	4 809	0.79	46.66	7.85e+05	28.04	0.998 6
ASW3	5 252	0.73	44.26	5.75e+05	24.00	0.999 2
ASW4	5 880	0.79	37.55	9.54e+05	30.91	0.998 8
ASW5	5 222	0.79	48.40	5.65e+05	23.79	0.999 2
SW2015	2 907	0.72	44.47	2.91e+05	17.07	0.998 6
SW2017	3 080	0.66	34.58	3.58e+05	18.93	0.998 3
SW2018	3 434	0.79	63.08	4.23e+05	20.59	0.998 7
SW2019	2 876	0.74	45.63	2.33e+05	15.27	0.998 9

从表 4-1 和表 4-2 中两类小麦样本的 RMSE 和R^2指标来看，RMSE 的值都在 31 以内，R^2的取值都在 0.99 以上。上述拟合实验评价指标再次证明了小麦样本 DL 信号能被式（2-9）所表示的双曲函数精准拟合，且拟合函数曲线与小麦样本 DL 信号高度相关，这为进一步基于拟合函数曲线进行 DL 信号的特征提取奠定了基础。

4.1.2　DL 信号的特征提取

为了便于对小麦样本 DL 信号进行特征提取，本节首先将预处理后的 DL 信号数据利用式（2-9）进行双曲函数拟合，然后再从拟合曲线中进行相应特征提取。从式（2-9）可知，样本初始发光强度I_0与外界光照激发条件、样本自身特性、样本质量（或体积）紧密相关。因此，参数I_0为一个多因素参量，其中的任何一个因素发生变化都会引起I_0值的改变，这也就是需要标准化测试工况的原因。指数衰减因子β与激发行为和初始发光强度无关，它在式中扮演着“特征时间”的角色，其作用是调节信号衰变的快慢与走势，参数β仅与样本自身的特性有关。对于延迟时间因子τ，它不仅作为一个相位因子决定着样本信号的初始状态，还能够决定 DL 信号的半衰期。总而言之，在控制好外界激发光照条件和样本质量的条件下，上述 3 个参数都能够反映待测样本的自身特性。本节对拟合公式（2-9）中 3 个参数所表示的物理学含义进行了动态扩展，以实现基于拟合曲线对小麦样本 DL 信号进行特征提取的目的。

接下来以人工陈化种麦 ASW2 样本的 DL 信号为例，具体阐述 DL 信号的特征提取过程。为了便于计算，首先将拟合公式中的时间变量t使用x进行替换，即

$$I(x) = I_0 \big/ (1 + x/\tau)^{\beta} \qquad (4\text{-}1)$$

式中，x为各个 DL 信号观测点，取值范围为$1 \leqslant x \leqslant 1000$，$x \in \mathbf{N}^+$。

此时，ASW2 样本 DL 信号的拟合曲线（见图 4-1 中的红色曲线）可用式（4-1）所示函数进行表示，其中

$I_0 = 4\,848$、$\beta = 0.75$、$\tau = 40.68$。从图 4-1 可看出，无论是拟合曲线还是 DL 信号，前半段曲线的衰减趋势比较明显，后半段曲线相对平缓。为了实现对样本 DL 信号强度进行动态表示，本节选取了下面 6 个观测点处的发光强度$I(x)$值构成第一种输入特征向量（见图 4-3）。

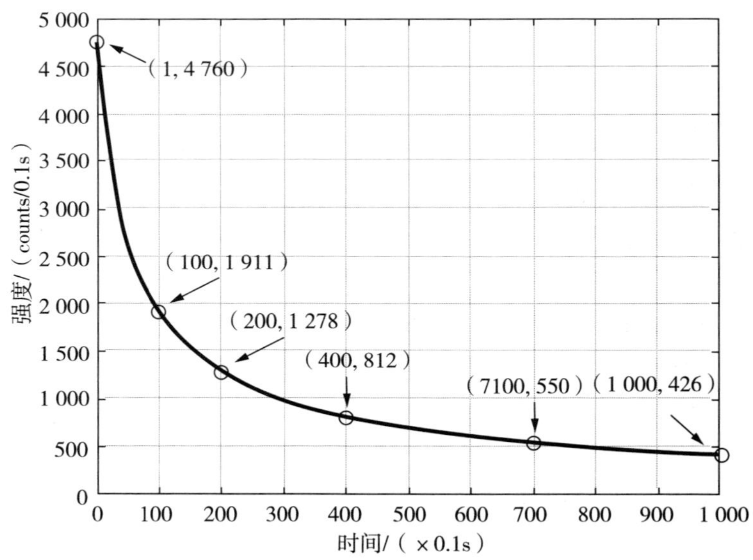

图 4-3　ASW2 样本 DL 信号发光强度特征提取示意

受式（2-10）表示的积分强度$E(T)$启发，本节利用式（4-2）分别计算拟合曲线在 [1,100]、[101,200]、[201,300]、[301,400]、[401,500] 及 [501,1 000] 共 6 个子区间内的积分值所表示的光子信号能量分布作为第二种输入特征向量，区间划分如图 4-4 所示。

$$E(x) = \int_a^b \frac{I_0}{(1 + x/\tau)^\beta} \mathrm{d}x = \frac{\tau I_0}{1-\beta}\left[(1+\frac{b}{\tau})^{1-\beta} - (1+\frac{a}{\tau})^{1-\beta}\right] \quad (4\text{-}2)$$

式中：a和b分别表示对应子区间的起点和终点。

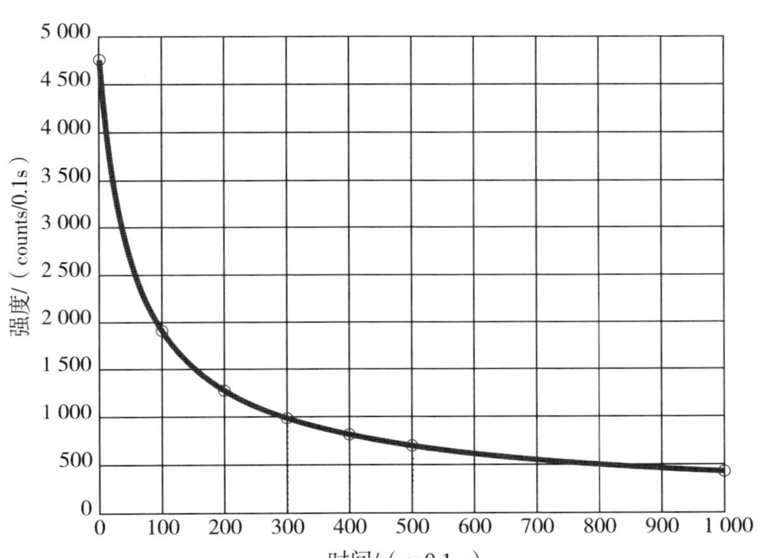

图 4-4　ASW2 样本 DL 信号能量分布特征提取示意

为了准确表示样本 DL 信号的衰减特性，本节对式（4-1）进行求导运算，得到其导函数$I'(x)$，即

$$I'(x) = -\frac{\beta I_0}{\tau}\frac{1}{(1+x/\tau)^{\beta+1}} \tag{4-3}$$

我们将上述 6 个子区间的中点值代入式（4-3）中并求其绝对值，用于表示 DL 信号的衰减趋势（见图 4-5）。由于在每个子区间上的观测点都为偶数，我们可将子区间中点的两个观测值分别代入导函数后再求其平均值，如在第一个子区间 [1,100] 中，我们可将子区间中点的两个观测点$x=50$和$x=51$分别代入式（4-3），然后求取平均值得到该区间中点的导数值。

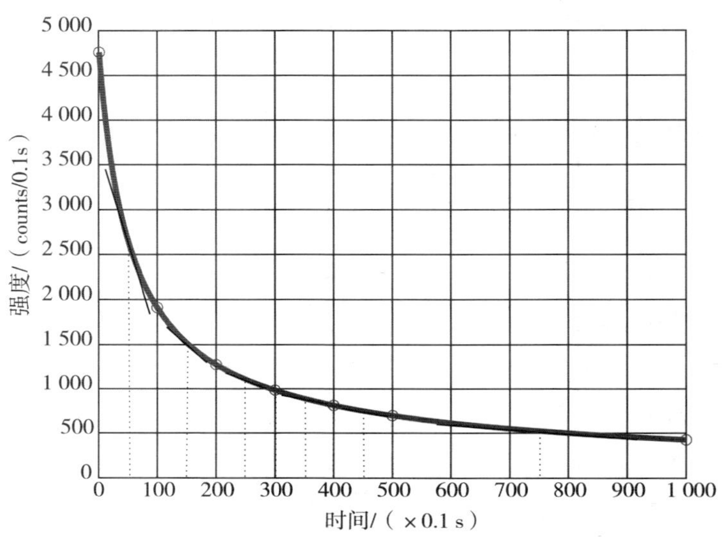

图 4-5　ASW2 样本 DL 信号衰减趋势特征提取示意

接下来按照上述特征提取过程对所有小麦样本 DL 信号进行特征提取，并将提取出的 3 种特征向量输入下节构建的 Walsh-Bi-LSTM 网络模型中进行训练和测试。

4.2　基于 Walsh-Bi-LSTM 网络的小麦新陈度检测模型

小麦样本在经过光照激发之后，采集到的 DL 信号均服从特定的双曲函数衰减规律。为了更好地挖掘 DL 信号中的潜在规律，本章引入了善于处理时间序列的 LSTM 网络来构建小麦新陈度检测模型。虽然 LSTM 网络在输出端采用了简单有效的 One-hot 编码机制用于类别输出（小麦的等效生产年份），但是 One-hot 编码太过稀疏，且表示类别的码间距离太短，并不具备纠错功能。鉴于此，本节使用 Walsh 编码机制对检测小麦新陈度这一多分类任务进行有效拆分，将单个多分类目标任务拆分为多个子二分类任务后，再分别对多个子二分类器单独进行训练和测试，以使整个检测模型具备纠错性能，进一步提升模型的分类准确率。

4.2.1　多分类学习任务拆分

在多分类学习任务中，我们可以将单个多分类任务拆分成多个子二分类任务，进而巧妙地利用多个二分类器解决多分类问题。具体而言，假设分类任务的 M 个目标类别可表示为$C_1,C_2,\cdots,C_M$，我们先对多分类任务进行拆分，然后针对拆分后的每个子二分类任务单独训练一个二分类器；在对测试集样本进行测试时，对所有子二分类器的分类结果进行综合考量后再输出最终的分类结果。常见的多分类任务拆分方法有 3 种：“一对一（one vs one, OvO）”“一对余（one vs rest, OvR）”和“多对多（many vs many, MvM）”[87]。对于给定训练集$D=\{(\boldsymbol{x}_1,y_1),(\boldsymbol{x}_2,y_2),\cdots,(\boldsymbol{x}_N,y_N)\}$，$y_i\in\{C_1,C_2,\cdots,C_M\}$，$1\leqslant i\leqslant N$，OvO 就是将 M 个目标类别进行两两配对，从而可产生 [$M(M-1)/2$] 个子分类任务。例如，OvO 为了区分类别C_i和C_j，拟训练的二分类器会把D中的C_i类样本作为正例，C_j类样本作为反例，在使用测试集验证模型性能时，新样本数据会同时输入所有已经训练好的子分类器当中，共产生 [$M(M-1)/2$] 个分类输出结果，然后将所有分类结果进行数量统计，并将预测类别数目最多的一类作为整个模型的最终输出，图 4-6 给出了 OvO 和 OvR 类别拆分示意。从图 4-6 可看出，OvR 每次只指定一个类别作为正例，剩余类别作为反例，然后对M个分类器进行训练。在进行分类测试时，若仅有一个分类器的预测结果为正类，则直接将该分类器的预测结果作为最终分类结果，如图 4-6 右侧所示；若多个分类器的预测结果都为正类，则需要分析各个分类器的置信度，然后选择置信度最大者作为最终分类结果。从 OvO 和 OvR 的分类原理来看，OvR 极大地减少了所需训练的分类器数量，因此 OvR 不仅节省了测试时间，还节约了存储开销。然而，当训练集样本数量比较多时，由于 OvR 中每个子分类器都使用了全部样本数据进行训练，因此训练模型所花费的时间要比 OvO 更长。

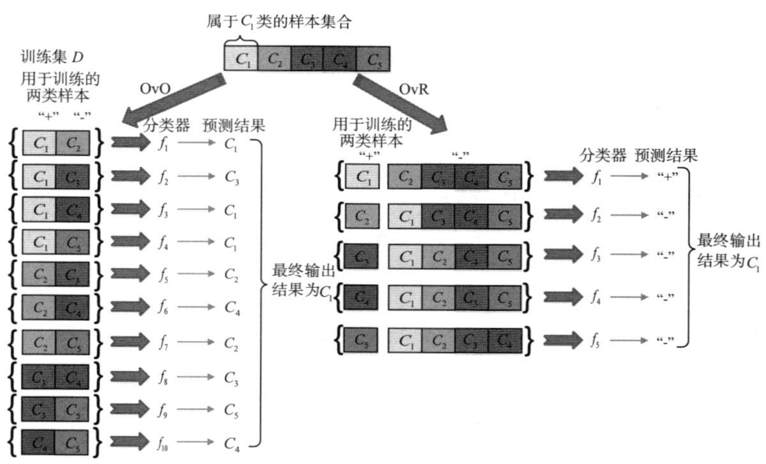

图 4-6　OvO 和 OvR 类别拆分示意

MvM 每次将若干个类别划分为正类，剩余类别作为反类，因此 OvO 和 OvR 可视为 MvM 的两种特例。此外，MvM 中正反例构造过程必须经过特殊设计才能取得良好的分类效果[88]。接下来将详细介绍如何将 Walsh 编码思想引入类别拆分中，进而使检测模型在解码过程中具备优良的纠错性能。

Walsh 编码的主要思想是如何将待分目标类别任务进行有效拆分，同时在解码过程中具备优良的纠错性能。Walsh 编码过程是对 M 个类别做 N 次划分，在每次划分时可将一部分类别划分为正类，另一部分类别划分为反类，从而产生 N 个二分类训练集，同时训练出 N 个二分类器。具体操作过程如下：首先利用拉德梅克函数（R 函数）生成 W 编号的 Walsh 码，R 函数用数学公式可表示为

$$R(n,t)=\operatorname{sgn}(\sin(2^{n}\pi t)) \tag{4-4}$$

式中，n 为序号，$n=0,1,\cdots,N-1$；t 为连续时间变量；$\operatorname{sgn}(f(x))$为符号函数，即

$$\operatorname{sgn}(f(x))=\begin{cases}+1, & f(x)>0,\\ -1, & f(x)<0\end{cases} \tag{4-5}$$

R 函数具备以下几个显著特点。

（1）它是正交函数族：

$$\int_0^1[R(n,t)\cdot R(m,t)]\mathrm{d}t=\begin{cases}0, & m=n,\\ 1, & m\neq n\end{cases} \tag{4-6}$$

（2）R 函数所表示的矩形波占空比均等于 1，且波形曲线关于中点展现出完美的奇对称特性或平移特性。图 4-7 给出了$n=4$时的全部 R 函数波形。

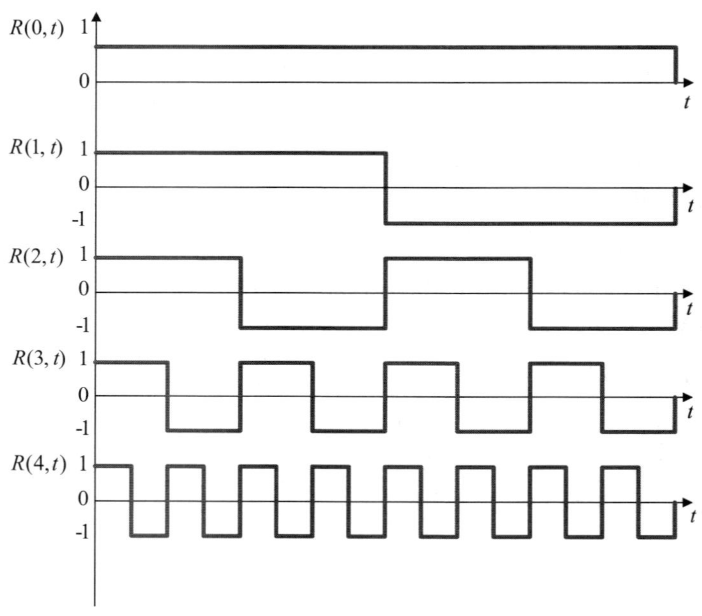

图 4–7　拉德梅克函数的波形

（3）R 函数在时基 {0，1} 中的周期数T_p或过零点数T_z可表示为

$$T_p = T_z = 2^{n-1} \tag{4-7}$$

R 函数虽然生成非常方便，但它并非完备的正交函数集。为此，美国数学家 Walsh 对拉德梅克函数进行了改进并提出 Walsh 函数。Walsh 函数是定义在有限时间内，幅值只取 +1 和 −1 的跳变正交函数 [89]。根据编号的不同，Walsh 函数有不同的生成和构成方式，目前已知的编号有 4 种，分别是 P 编号、H 编号、W 编号和 X 编号。虽然 Walsh 函数有不同的定义表达式，但是利用信号复制的方法基于不同的复制信息可生成所有编号的 Walsh 函数，并

可由 R 函数统一表述。由于本节在后续编码过程中只采用了 W 编号的 Walsh 函数，因此，接下来着重探讨 R 函数与 W 编号 Walsh 函数的对应关系。

从图 4-7 可明显看出，R 函数展现出了完美的对称性和可复制性。对于任一序列，图 4-8 所示的复制方式统称为对称复制（镜像复制），其中图 4-8（a）为偶对称复制，图 4-8（b）为奇对称复制。在对称复制方式中，我们习惯上用 0 表示偶对称复制，1 表示奇对称复制，0 和 1 称为复制信息。R 函数和相应的复制信息有一定的对应关系（见表 4-3）。文献 [90] 给出了基于对称复制条件下，所有编号的 Walsh 函数与 R 函数之间的关系表达式。表 4-4 给出了$Wal(m,t)$在$m=7$时的分解情况。

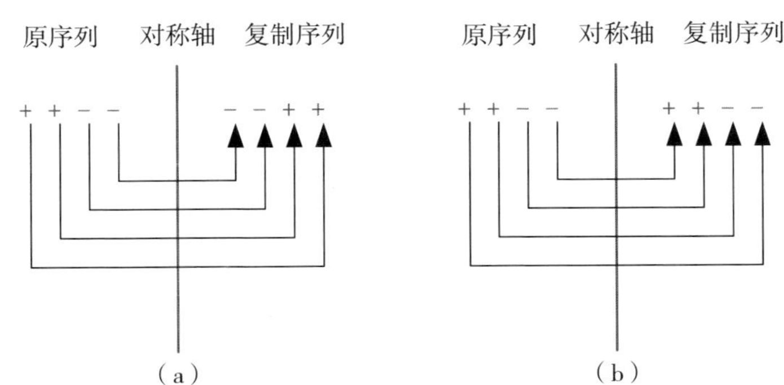

图 4-8　序列的对称复制方式

（a）偶对称复制；（b）奇对称复制

表4-3　复制信息与R函数之间的对应关系

复制信息	对称复制	R 函数
0 0 0	+ + + + + + + +	$R(0,t)$

（续　表）

复制信息	对称复制	R 函数
0 0 1	+ + + + − − − −	R（1,t）
0 1 1	+ + − − + + − −	R（2,t）
1 1 1	+ − + − + − + −	R（3,t）

表4–4　W编号的Walsh函数分解表

序号	复制信息	对称复制	与 R 函数的关系	复制信息的分解
0	0 0 0	+ + + + + + + +	Wal（0,t）= R（0,t）	（000）
1	0 0 1	+ + + + − − − −	Wal（1,t）= R（1,t）	（001）
2	0 1 0	+ + − − − − + +	Wal（2,t）= R（1,t）R（2,t）	（001）+（011）
3	0 1 1	+ + − − + + − −	Wal（3,t）= R（2,t）	（011）
4	1 0 0	+ − − + + − − +	Wal（4,t）= R（2,t）R（3,t）	（011）+（111）
5	1 0 1	+ − − + − + + −	Wal（5,t）= R（1,t）R（2,t）R（3,t）	（001）+（011）+（111）
6	1 1 0	+ − + − − + − +	Wal（6,t）= R（1,t）R（3,t）	（001）+（111）
7	1 1 1	+ − + − + − + −	Wal（7,t）= R（3,t）	（111）

从表 4-4 中可看出，Walsh 函数具备以下几个特点。

（1）Walsh 函数是完备的正交函数集。

（2）一个周期内过零点数目与序号保持一致。

（3）当序号为2^n-1（n为正整数）时，Walsh 函数可直接表示成 R（n,t）函数的形式，初始值 Wal（$0,t$）=R（$0,t$）需特别指定，这样保证了每个周期既是典型的方波形态，又关于中点具备良好的奇对称性。

本章由于着重探讨构建 5 个年份小麦新陈度的检测模型，因此从表 4-4 中选出了 5 种序号的 Walsh 码；同时按照文献 [91] 给出的分类编码规则，当类别数目$3\leqslant M\leqslant 7$时，码长需满足条件$2^{M-1}-1$，以紧凑编码结构。由于本书中小麦新陈度的目标类别数目$M=5$，因此本节基于复制理论将 Walsh 码扩展成 16 位（见表 4-5）。

表4-5 基于复制理论生成W编号的Walsh码

序号	复制信息	对称复制	Walsh 码
0	0 0 00	+ + + + + + + + + + + + + + + +	[1111111111111111]
1	0 0 01	+ + + + + + + + − − − − − − − −	[1111111100000000]
2	0 0 10	+ + + + − − − − + + + + − − − −	[1111000011110000]
3	0 1 00	+ + − − + + − − + + − − + + − −	[1100110011001100]
4	1 1 11	+ − + − + − + − + − + − + − + −	[1010101010101010]

本节选取表 4-5 中 Walsh 码的前 15 位用于对训练目标类别任务进行拆分，并进行相应的二分类模型训练。为了使训练出的二分类器具备较好的鲁棒性，本节对表 4-5 中的 Walsh 码作如下约定：将表中序号为 0 的 Walsh 码约定为 [000000000000000]。图 4-9 给出了 Walsh 分类编码和解码的示意，图中的“1”和“0”为布尔值，分别表示各个子二分类器f_i(1≤i≤15)将相应的样本判定为正例和反例。此外，表示各种类别的 Walsh 码（行码）之间拥有相同的汉明距离，同时各个子二分类器f_i的输出结果（列码）也都不相同，便于对它们进行训练和测试。例如，分类器f_6将C_2和C_4类中的样例作为正例，而将C_1、C_3和C_5类中的样例作为反例。

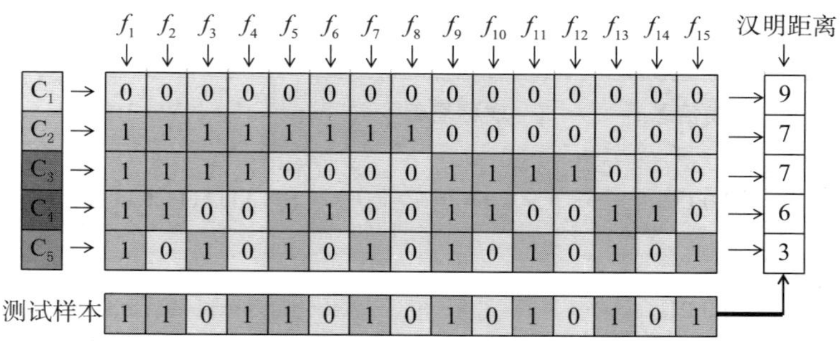

图 4-9 Walsh 分类编码和解码示意

解码过程：使用已经训练好的 N 个二分类器分别对测试样本进行分类预测，并将所有 N 个预测结果按照各个子分类器的序号形成一个新的编码，然后计算该编码与各个类别编码之间的汉明（Hamming）距离，并返回与之距离最小的类别作为最终分类结果，用公式可表示为

$$\mathrm{d}[\boldsymbol{y}_{\text{test}},\boldsymbol{y}_{c_i}]=\sum_{j=1}^{N}\boldsymbol{y}_{\text{test}}[j]\oplus\boldsymbol{y}_{c_i}[j] \qquad (4\text{-}8)$$

式中，$\boldsymbol{y}_{\text{test}}$表示测试样本经已训练好的 N 个二分类器的输出结果；$\boldsymbol{y}_{c_i}$（$1\leqslant i\leqslant M$）表示对应类别的 Walsh 编码；N 为二分类器的数量或者码长；⊕表示异或运算。

本节按照式（4-8）可求出$\boldsymbol{y}_{\text{test}}$与每个类别$\boldsymbol{y}_{c_i}$之间的汉明距离，然后选择与之距离最小的类别作为最终输出。从图 4-9 中的解码过程来看，测试样本与C_5类之间的汉明距离最小，即可判定测试样本属于C_5类。从整个解码过程看，在引入 Walsh 编码后，分类器的输出具有较强的纠错性能。同时，从图 4-9 中代表 5 种类别的 Walsh 编码可看出，代表各种类别的 Walsh 码之间的汉明距离都为 8，因此该 Walsh 码能纠正 3bit 错码。

4.2.2 Walsh-LSTM 模型构建

在图像分类领域，卷积神经网络（convolutional neural network, CNN）以其自动挖掘输入数据深层特征的能力，极大地提高了对图像中目标物的识别和分类能力[92]。本节所采集的小麦样本 UWL 或 DL 信号数据都属于一维时间序列，因此本章在构建分类检测模型时引入了擅长处理时间序列的循环神经网络（recurrent neural network, RNN）[93]。和普通神经网络不同，RNN 具备一定的记忆功能和参数共享特性，因此在处理时序数据方面表现出优良性能。RNN 通过对神经元循环赋值，使隐层神经元的输出不仅与当前时刻输入有关，还与上一时刻隐层神经元的输出有关，这使隐层之间的神经元也能够建立起某种关联。图 4-10 给出了 RNN 的网络结构及扩展示意，图中的黑色小长方形代表时间延迟。

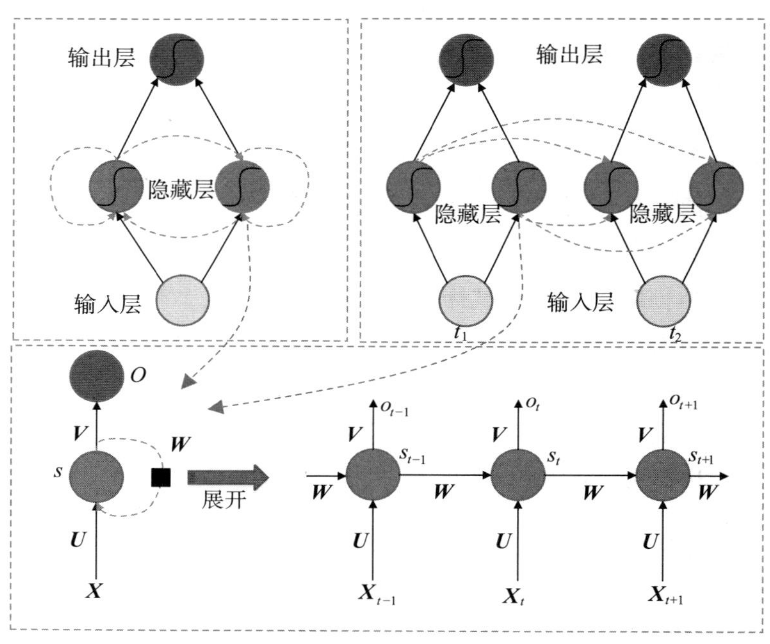

图 4-10　RNN 的网络结构及扩展示意

在图 4-10 中，$\boldsymbol{X}$表示输入向量；s表示隐层状态；o表示输出层；t表示对应的时刻；$\boldsymbol{U}$，$\boldsymbol{W}$和$\boldsymbol{V}$表示对应的权重向量，从输入层到隐层、从隐层到输出层之间共享着相同的权重向量，且在t时刻输入为$\boldsymbol{X}_t$时的隐层状态s_t，即

$$s_t = f(\boldsymbol{U}\boldsymbol{X}_t + \boldsymbol{W}s_{t-1}) \tag{4-9}$$

输出o_t可表示为

$$o_t = g(\boldsymbol{V}s_t) \tag{4-10}$$

式（4-9）和式（4-10）中的f和g均为激活函数，常用到的激活函数有 Tanh、Relu、Sigmoid 等。

然而，普通 RNN 很难解决长时间依赖问题，在整个网络学习过程中经常遇到“梯度爆炸”和“梯度消失”问题。“梯度爆炸”是指在 RNN 中当网络层之间的梯度值大于 1 时，误差的梯度经过重复相乘后会使梯度呈指数级增长，导致网络权重大幅度更新，从而使整个网络处于不稳定状态。当“梯度消失”发生时，网络层之间的梯度值通常小于 1，此时网络前部误差的梯度呈指数级衰减趋势，进而导致网络参数停滞更新。为了有效解决上述问题，本节采用了 RNN 的进阶网络模型——长短期记忆（long short-term memory, LSTM）网络来构建最终的基于 DL 信号的小麦新陈度检测模型。LSTM 网络是由 Hochreiter 和 Schmidhuber 共同提出的一种特殊的 RNN 网络，它能够灵活处理训练过程中遇到的长时间依赖情况，有效解决普通 RNN 中存在的问题[94]。针对“梯度爆炸”问题，LSTM 网络通过采用梯度裁剪的方法将误差值限定在预设阈值之内，并利用剪裁后的梯度对网络权值进行更新，从而有效解决了“梯度爆炸”问题。对于“梯度消失”，LSTM 网络拥有特殊的记忆存储方式并采用了独特的门控机制，通过门控结构使 LSTM 网络内存单元能够对信息进行长时间的存储和访问，从而有效避免了“梯度消失”。

LSTM 网络主要利用输入数据与不同权重向量相乘的方法控制网络中不同门的输入或输出。具体而言，输入门用于决定哪些输入信息被更新，或者被保存到记忆单元中；遗忘门用于控制记忆是否被保存或丢弃之前的状态；输出门决定着记忆单元中哪些信息可以被输出。LSTM 网络单元的详细内部结构如图 4-11 所示，图中红色和黄色激活函数分别代表 Tan 和 Sigmoid 函数。通过引入多样化的门控功能，LSTM 网络能够高效率地处理时间序列，实现对其进行分类或预测的目的。

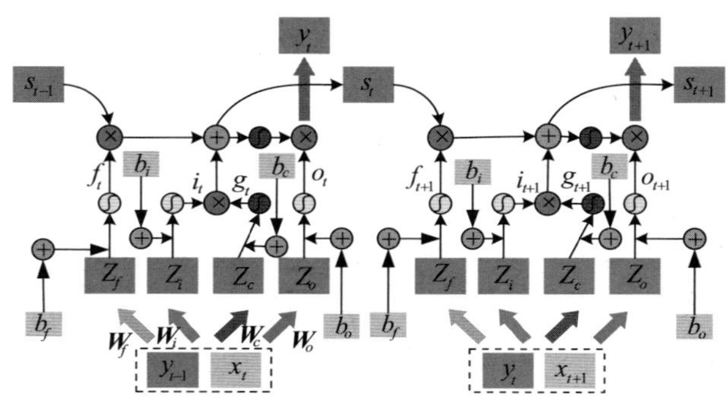

图 4-11　LSTM 网络单元的内部结构

根据图 4-11，LSTM 网络整个运行过程用公式可表示为

$$i_t = \sigma(\boldsymbol{W}_i \cdot [y_{t-1}, x_t] + b_i) \tag{4-11}$$

$$f_t = \sigma(\boldsymbol{W}_f \cdot [y_{t-1}, x_t] + b_f) \tag{4-12}$$

$$o_t = \sigma(\boldsymbol{W}_o \cdot [y_{t-1}, x_t] + b_o) \tag{4-13}$$

$$g_t = \tanh(\boldsymbol{W}_c \cdot [y_{t-1}, x_t] + b_c) \tag{4-14}$$

$$s_t = f_t \odot s_{t-1} + i_t \odot g_t \tag{4-15}$$

$$y_t = o_t \odot \tanh(s_t) \tag{4-16}$$

式中，$\boldsymbol{W}_*$为对应的权重矩阵；b_*为对应的偏置；$\sigma(\cdot)$为 Sigmoid 函数；Tanh$(\cdot)$为双曲正切函数；i、f、o、g、s分别表示输入门、遗忘门、输出门、候选值及细胞状态；y_t为最终的输出；$\odot$为哈达玛积，表示矩阵中对应元素相乘。

本章最终的研究目的是构建小麦新陈度分类检测模型，在输出端同样采用了 Softmax 计算得到每个输入样本数据对应的概率值，进而做出最终的类别判定，因此可使用交叉熵作为损失函数。损失函数L可表示为

$$L=\frac{1}{N}\sum_{i}L_{i}=-\frac{1}{N}\sum_{i}\sum_{c=1}^{M}y_{ic}\ln p_{ic} \quad (4\text{-}17)$$

式中，M为类别数目；y_{ic}取值为 1 或 0（判定样本i属于类别c时为 1，否则为 0）；p_{ic}为观测样本i属于类别c的预测概率。

本节在对 LSTM 网络中各个参数进行更新时，仍然使用误差反向传播算法。在误差反向传播的过程中，最终目的是通过计算损失函数L对权重和偏置的偏导数，进而得到每一个神经元上的误差，以此实现对各种参数的更新。为了进一步理解 LSTM 网络中各权值参数的更新过程，对细胞输出的误差e_{c}^{t}（短时记忆）可表示为

$$\begin{aligned} e_{c}^{t}=\frac{\partial L}{\partial b_{c}^{t}}=\frac{\partial L}{\partial a_{j}^{t}}\frac{\partial a_{j}^{t}}{\partial b_{c}^{t}}&=\sum_{h=1}^{H}\frac{\partial L}{\partial a_{h}^{t+1}}\frac{\partial a_{h}^{t+1}}{\partial b_{c}^{t}}+\sum_{k=1}^{K}\frac{\partial L}{\partial a_{k}^{t}}\frac{\partial a_{k}^{t}}{\partial b_{c}^{t}} \\ &=\sum_{h=1}^{H}\delta_{h}^{t+1}\frac{\partial a_{h}^{t+1}}{\partial b_{c}^{t}}+\sum_{k=1}^{K}\delta_{k}^{t}\frac{\partial a_{k}^{t}}{\partial b_{c}^{t}} \end{aligned} \quad (4\text{-}18)$$

式中，

$$a_{j}^{t}=\sum_{i}w_{ij}b_{i}^{t-1} \quad (4\text{-}19)$$

对细胞状态的误差e_{s}^{t}（长时记忆）可表示为

$$\begin{aligned} e_{s}^{t}&=\frac{\partial L}{\partial s_{c}^{t}}=\frac{\partial L}{\partial a_{j}^{t+1}}\frac{\partial a_{j}^{t+1}}{\partial s_{c}^{t}}+\frac{\partial L}{\partial b_{c}^{t}}\frac{\partial b_{c}^{t}}{\partial s_{c}^{t}}+\frac{\partial L}{\partial s_{c}^{t+1}}\frac{\partial s_{c}^{t+1}}{\partial s_{c}^{t}} \\ &=e_{c}^{t}b_{o}^{t}h^{'}(s_{c}^{t})+e_{s}^{t+1}b_{f}^{t+1}+\delta_{f}^{t+1}w_{cf}+\delta_{i}^{t+1}w_{ci}+\delta_{o}^{t+1}w_{co} \end{aligned} \quad (4\text{-}20)$$

对输入门的梯度计算可表示为

$$\delta_i^t=\frac{\partial L}{\partial a_i^t}=\frac{\partial L}{\partial s_c^t}\frac{\partial s_c^t}{\partial b_i^t}\frac{\partial b_i^t}{\partial a_i^t}=e_s^t g(a_c^t)f'(a_i^t) \tag{4-21}$$

对遗忘门的梯度计算可表示为

$$\delta_f^t=\frac{\partial L}{\partial a_f^t}=\frac{\partial L}{\partial s_c^t}\frac{\partial s_c^t}{\partial b_f^t}\frac{\partial b_f^t}{\partial a_f^t}=e_s^t s_c^{t-1}f'(a_f^t) \tag{4-22}$$

对输出门的梯度计算可表示为

$$\delta_o^t=\frac{\partial L}{\partial a_o^t}=\frac{\partial L}{\partial b_c^t}\frac{\partial b_c^t}{\partial b_o^t}\frac{\partial b_o^t}{\partial a_o^t}=e_c^t h(s_c^t)f'(a_o^t) \tag{4-23}$$

式（4-18）～式（4-23）中的$g(\cdot)$、$f(\cdot)$和$h(\cdot)$分别指代输入门、遗忘门和输出门的激活函数。其中，H表示隐层中细胞状态的数量（仅代表短时记忆细胞）；K表示输出层信息数量，a_j^t表示t时刻第j个单元的带权输入；b_c^t表示t时刻第c个细胞单元的激活值（在$t=0$时，初始值为 0）；δ_j^t表示t时刻第j个单元的误差（$t=T+1$时，初始值为 0，$\delta_j^t=\partial L/\partial a_j^t$）。通过上式计算得到 LSTM 网络中所有门的梯度和细胞误差之后，我们就可设定相应的学习率来对网络中的所有参数进行更新。

为了更好地挖掘出小麦样本 DL 信号中未来信息对当前输入的影响，本节采用了 Bi-LSTM 网络对模型进行训练和测试。和单向 LSTM 网络相比，Bi-LSTM 网络的主要优势在于它可以保留未来信息并将两个细胞状态有效结合起来，使目标输出变得更加准确[95]。图 4-12 给出了 Bi-LSTM 网络的结构。

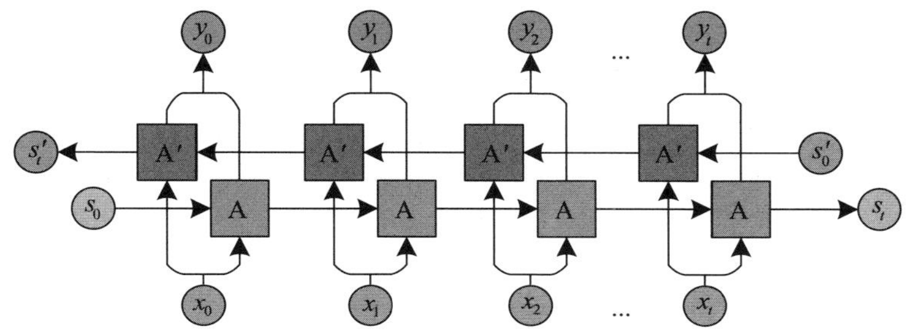

图 4-12　Bi-LSTM 网络的结构

图 4-13 给出了基于 Walsh-Bi-LSTM 网络的小麦新陈度检测模型结构，为检验模型的解码性能，所有数据在输入模型前进行了加噪处理，其中实线方框表示 Walsh 编码过程。

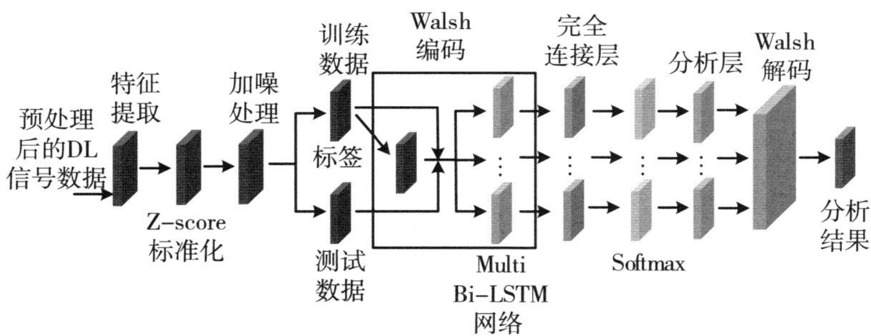

图 4-13　基于 Walsh-Bi-LSTM 网络的小麦新陈度检测模型结构

此外，为了更好地评价模型的分类性能，本节引入了由混淆矩阵（confusion matrix）导出的标准统计指标来对分类检测模型进行性能评估[96]。对于目标类别为M的多分类问题而言，混淆矩阵是$(M+1)\times(M+1)$阶方阵，其中混淆矩阵的前M行代表待测小麦样本的真实新陈度类别标签（储存年份），前M列表示模型的预测类别结果。在理想分类情况下，即每个小麦样本的预测类别和真实类别都相等，此时混淆矩阵就变成一个对角方阵。在二分类混淆矩阵中，前 2 行表示样本的真实类别，前 2 列表示模型的预测类别，第 3 行中的前 2 列分别表示真正类（true positive, TP）和真负类（true negative, TN），第 3 列中的前 2 行分别表示假正类（false positive, FP）和假负类（false negative, FN），第 3 行和第 3 列交叉点的数值表示整个模型的最终分类准确率。在$(M+1)\times(M+1)$阶多分类混淆矩阵中，主对角线表示对测试集中相应类别做出正确预测的样本数量及其预测正确率。在$(M+1)\times(M+1)$阶混淆矩阵中，由前M行和前M列构成的$M\times M$阶方阵除对角线数值外，其余数值均表示相应的预测错误样本数目及其错误预测率；第（$M+1$）行中的前M列和第（$M+1$）列中的前M行均表示对应样本种类的预测准确率；第（$M+1$）行和第（$M+1$）列交叉点的数值则表示整个模型的最终分类准确率。

4.2.3 实验结果及分析

本节按照第 2 章给定的 DL 信号测量方法，分别采集经白色 LED 光源激发后的两类五种不同新陈度小麦样本 DL 信号数据各 100 组并标定好相应的年份标签；在对样本初始 DL 信号数据进行预处理之后，在每组中随机选取 80 组样本数据用于模型训练（训练集），剩余 20 组用于测试模型的分类性能（测试集）。

本节使用前面构建的 Walsh-Bi-LSTM 网络进行模型训练。为了便于性能比对，本节先将预处理后的样本 DL 信号数据直接作为模型输入，然后以子分类器f_1为例，对训练过程和测试结果进行具体阐述。单个子分类器网络超参

设置如下：特征维度设定为 1；隐层神经元数目设为 40；网络输出设定为 2(子分类器的目标输出只有“0”和“1”)；最大迭代周期设定为 100；最小批尺寸设为 15；初始学习率设定为 0.005。网络训练设置如下：训练过程使用 Adam 优化算法；硬件执行环境选用 GPU；梯度阈值设置为 1 以防止梯度爆炸；采用双向模式对网络进行训练。

图 4-14 给出了子分类器 f_1 在实仓存储小麦样本 DL 信号数据集上的训练精度和损失曲线。从图 4-14 可看出，由于整个 Bi-LSTM 网络只有两种输出类别，因此子分类器 f_1 仅用较少的迭代次数就可以达到一定的训练精度。从整个训练过程看，模型的分类准确率在达到一定精度之后，表现出较强的振荡特性，很难达到预期分类精度要求，这主要由于输入向量的特征属性太多，在训练过程中不仅增加了对硬件运行环境的要求，还会使模型易出现过拟合情况。

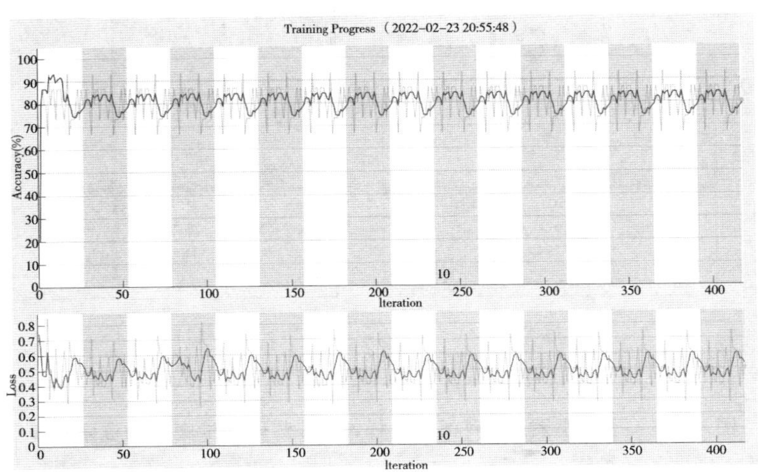

图 4-14　子分类器 f_1 在实仓储存小麦样本 DL 信号数据集上的训练精度和损失曲线

图 4-15 分别给出了子分类器f_1在两类小麦样本 DL 信号测试集上的混淆矩阵。表 4-6 给出了所有子分类器在两类小麦样本 DL 信号测试集上的分类准确率，表中的数值都表示百分比，表中第一类表示实仓存储小麦，第二类为人工陈化种麦，从所有子分类器在两类小麦数据集上的分类测试结果看，在人工陈化种麦测试集上的分类检测结果整体上优于实仓存储小麦。从表 4-6 可看出，通过引入 Walsh 编码机制对目标类别进行标定之后，各个子分类器的训练目标任务也都各不相同，且所有子分类器在第二类数据集上的分类性能优于第一类数据集。造成上述差异的主要原因是人工陈化种麦在籽粒形态、活力及品种等方面与实仓存储小麦都存在着较大差异，其辐射出的 DL 信号无论从辐射强度还是拟合精度上都要优于实仓存储小麦。

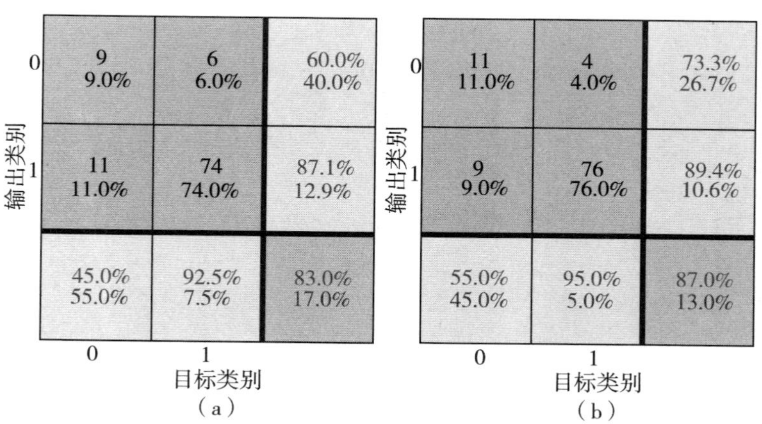

图 4-15　子分类器f_1在两类小麦样本 DL 信号测试集上的混淆矩阵

（a）实仓储存小麦；（b）人工陈化种麦

表4-6　所有子分类器在两类小麦样本DL信号测试数据集上的分类准确率（%）

数据集类别	f_1	f_2	f_3	f_4	f_5	f_6	f_7	f_8	f_9	f_{10}	f_{11}	f_{12}	f_{13}	f_{14}	f_{15}
第一类	83	87	88	84	85	83	85	80	86	84	83	79	80	78	76
第二类	87	89	90	88	87	84	86	82	88	85	86	84	85	82	80

为了分别验证特征提取的有效性和检测模型的纠错性能，本节首先将预处理后的两类小麦样本 DL 信号数据直接输入 Bi-LSTM 网络中进行模型训练，由于对两类小麦新陈度的期望输出均为 5 种储藏年份，因此本节将网络输出更改为 5，其余网络超参设置不变。图 4-16 给出了以预处理后的小麦样本 DL 信号数据为输入的 Bi-LSTM 网络在两类小麦测试集上的混淆矩阵。从图 4-16 中的两个混淆矩阵可看出，若直接以预处理后的样本 DL 信号数据作为输入，模型对实仓存储小麦的分类识别精度为 30%，仅仅优于随机猜测；对人工陈化种麦而言，模型分类识别准确率也只有 43%，难以满足预期分类精度要求。随后将小麦样本初始 DL 信号数据直接输入 Walsh-Bi-LSTM 网络中进行模型训练和测试，在实仓存储小麦和人工陈化种麦两类测试集上的分类准确率比单个 Bi-LSTM 网络的测试结果分别提高了 11% 和 13%。为了进一步提高 Walsh-Bi-LSTM 网络的分类准确率和缩短训练时间，本节使用 DL 信号特征值提取方法并组成相应的输入特征向量，再次输入 Bi-LSTM 和

Walsh-Bi-LSTM 网络中分别进行训练和测试。本节首先将新提取的特征向量输入 Bi-LSTM 网络进行训练和测试，由于使用了 3 种类型的输入特征向量，故将特征维度设定为 3，其他超参设置与前面 Bi-LSTM 网络中的设置相同。

输出类别 \ 目标类别	0	1	2	3	4	
0	7 7.0%	2 2.0%	0 0.0%	0 0.0%	0 0.0%	77.8% 22.2%
1	13 13.0%	10 10.0%	15 15.0%	14 14.0%	13 13.0%	15.4% 84.6%
2	0 0.0%	5 5.0%	1 1.0%	0 0.0%	0 0.0%	16.7% 83.3%
3	0 0.0%	2 2.0%	4 4.0%	5 5.0%	0 0.0%	45.5% 54.5%
4	0 0.0%	1 1.0%	0 0.0%	1 1.0%	7 7.0%	77.8% 22.2%
	35.0% 65.0%	50.0% 50.0%	5.0% 95.0%	25.0% 75.0%	35.0% 65.0%	30.0% 70.0%

（a）

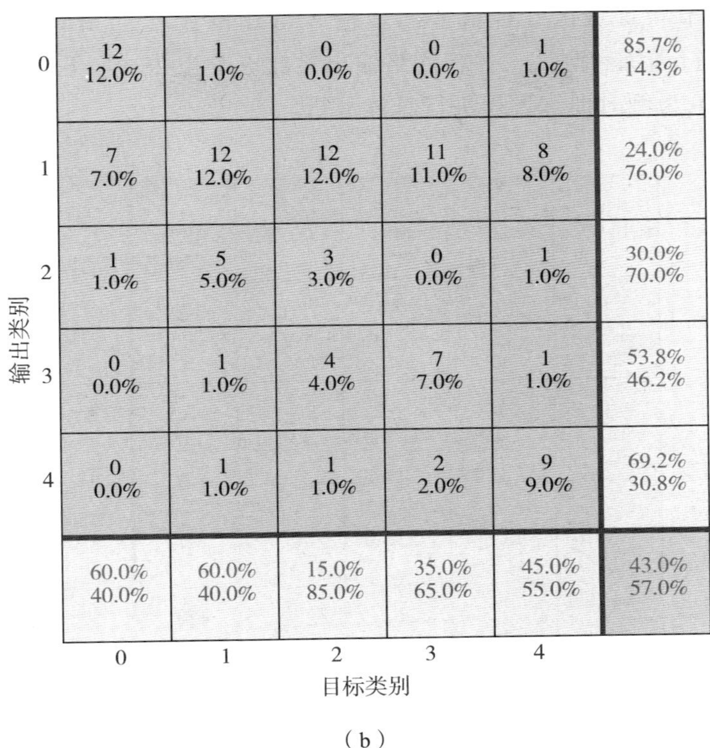

（b）

图 4-16　以预处理后的小麦样本 DL 信号数据为输入的 Bi-LSTM 网络在两类小麦样本测试集上的混淆矩阵

（a）实仓储存小麦；（b）人工陈化种麦

图 4-17 给出了以 3 种类型特征向量为输入的 Bi-LSTM 网络在两类小麦样本测试集上的混淆矩阵。从图 4-17 可看出，使用 3 种类型特征向量作为网络输入时，模型在两类小麦测试集上的分类精度分别达到了 72% 和 80%，相比之前提升了 42% 和 37%，这也再次证明了特征提取和特征选择对构建分类检测模型的重要性。接下来，

本节将提取的3种特征向量输入Walsh-Bi-LSTM网络中进行训练和测试，并将网络输出参数更改为2，仍以子分类器f_1为例对训练过程进行具体分析。

输出类别 \ 目标类别	0	1	2	3	4	
0	16 16.0%	0 0.0%	2 2.0%	2 2.0%	1 1.0%	76.2% 23.8%
1	1 1.0%	17 17.0%	5 5.0%	0 0.0%	2 2.0%	68.0% 32.0%
2	1 1.0%	1 1.0%	11 11.0%	1 1.0%	1 1.0%	73.3% 26.7%
3	1 1.0%	1 1.0%	2 2.0%	14 14.0%	2 2.0%	70.0% 30.0%
4	1 1.0%	1 1.0%	0 0.0%	3 3.0%	14 14.0%	73.7% 26.3%
	80.0% 20.0%	85.0% 15.0%	55.0% 45.0%	70.0% 30.0%	70.0% 30.0%	72.0% 28.0%

（a）

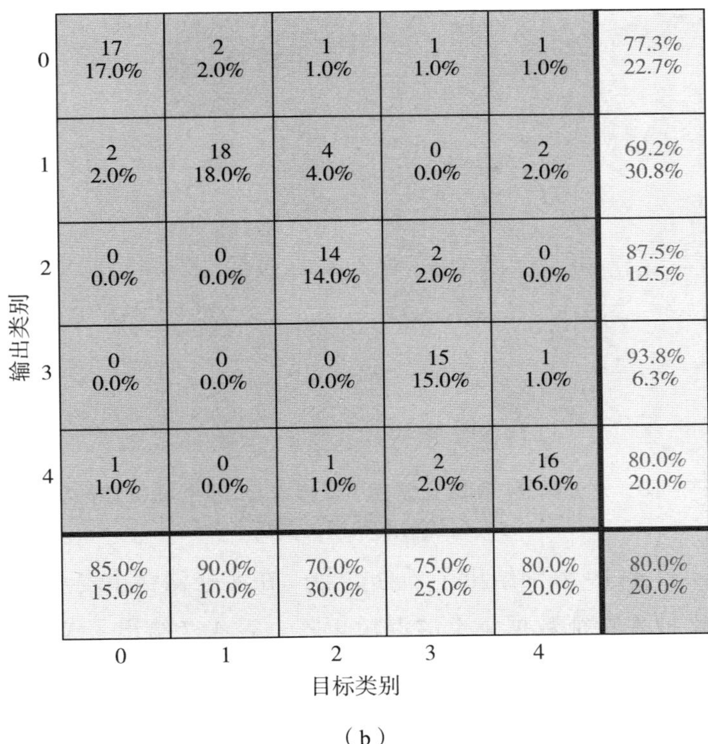

（b）

图 4-17　以 3 种类型特征向量为输入的 Bi-LSTM 网络在两类小麦样本测试集上的混淆矩阵

（a）实仓储存小麦；（b）人工陈化种麦

图 4-18 给出了子分类器f_1在实仓存储小麦样本 DL 信号特征数据集上的训练精度和损失曲线。从图 4-18 可以看出，与之前以初始 DL 信号数据作为训练集相比，模型的分类准确率在经过 150 次迭代之后就可以达到较高的分类精度，损失函数较之前也有了很大改进。

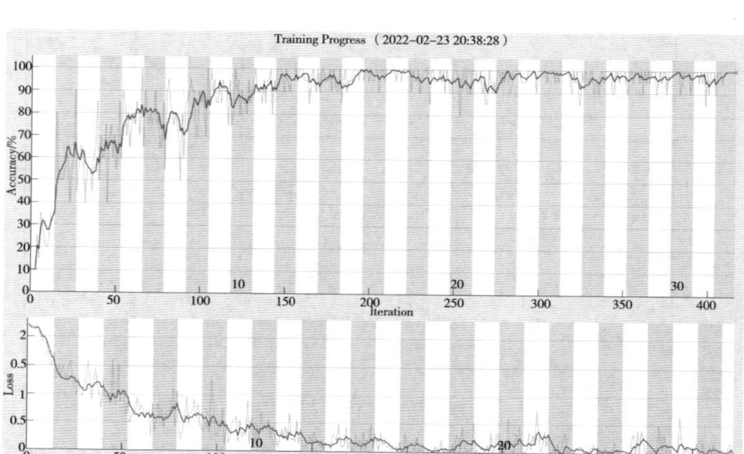

图 4-18　子分类器f_1在实仓储存小麦样本 DL 信号特征数据集上的训练精度和损失曲线

图 4-19 分别给出了子分类器f_{14}在实仓储存小麦和人工陈化种麦特征数据集上的混淆矩阵。表 4-7 给出了 Walsh-Bi-LSTM 网络中所有子分类器在两类小麦特征数据集上的分类准确率，表中第一列对数据集类别的标定同表 4-6。

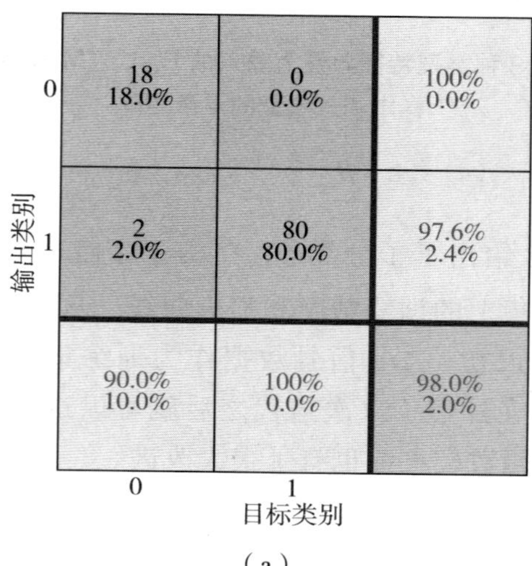

（a）

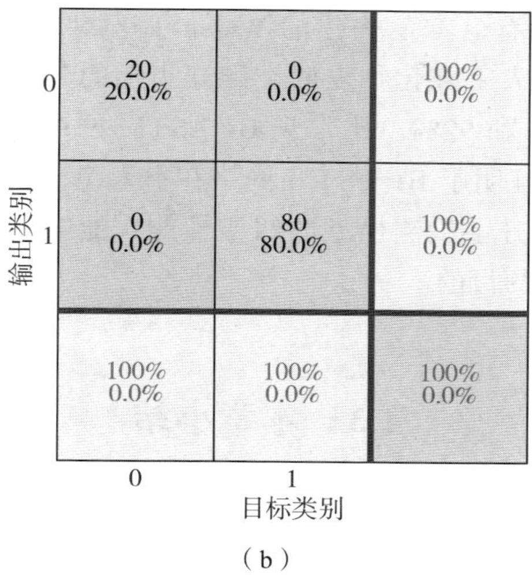

（b）

图 4-19　子分类器f_{14}在两类小麦样本特征数据集上的混淆矩阵

（a）实仓存储小麦；（b）人工陈化种麦

表4-7　所有子分类器在两类小麦样本特征数据集上的分类准确率（%）

数据集类别	f_1	f_2	f_3	f_4	f_5	f_6	f_7	f_8	f_9	f_{10}	f_{11}	f_{12}	f_{13}	f_{14}	f_{15}
第一类	98	97	97	95	98	95	96	94	97	94	95	99	96	98	96
第二类	100	99	98	97	87	96	98	97	98	96	97	99	98	100	99

从图 4-19 和表 4-7 可看出，通过对小麦样本 DL 信号数据进行特征提取后，新构建的输入特征向量使每个子分类器的预测精度都得到了明显提升。从最终的实验分类

检测结果来看，本节构建的 Walsh-Bi-LSTM 网络在实仓存储小麦和人工陈化种麦两类测试集上的分类准确率分别达到了 81% 和 92%，比常规 Bi-LSTM 网络提高了 9% 和 12%，再次证明了 Bi-LSTM 网络在引入 Walsh 编码机制之后极大地提升了检测模型的纠错性能，能够实现准确判定小麦新陈度的目的。

4.3 本章小结

本章重点阐述了基于 DL 信号构建小麦新陈度检测模型的过程及模型测试结果。与 UWL 信号所表现出的较强随机性不同，DL 信号不仅能够很好地遵循双曲函数衰减规律，还有效克服了 UWL 信号易被噪声湮没的缺点，极大地提高了小麦样本光子信号的采集效率和质量。在使用 Bi-LSTM 网络构建小麦新陈度检测模型的过程中，本章引入了 Walsh 编码机制，将多分类目标任务拆分成若干个子二分类任务后，再分别进行训练和测试，从而使检测模型具备了一定的纠错性能。实验结果显示，本章构建的 Walsh-Bi-LSTM 网络在 5 个年份的实仓存储小麦和人工陈化种麦测试集上的分类准确率分别达到了 81% 和 92%，充分证明了本章构建的基于 DL 信号的小麦新陈度检测模型能够实现准确判定小麦新陈度的目的。此外，本章对小麦样本 DL 信号进行特征提取建立在对其精准拟合的基础上，然而在实际使用双曲弛豫公式对 DL 信号进行拟合时，由于每个小麦样本 DL 信号的初始发光强度I_0差异较大，在实际拟合

过程中只能先查验样本 DL 信号数据的初始发光强度再对参数I_0进行人工赋值，随着采集样本数量的增多，拟合效率变低，极大地影响了检测模型的运行效率。为此，能否有效解决这一难题，对小麦样本 DL 信号实现自适应拟合，进一步提高特征提取的效率和检测模型的效果将是接下来章节研究的主要内容。

第5章　基于光子信号的多通道小麦新陈度检测模型

生物光子信号是小麦籽粒的一种固有机体功能。光子信号携带着大量关于小麦自身状态的微观信息，对这些信号进行全面正确的解读是基于生物光子信号构建小麦新陈度检测模型的关键所在。对于小麦 UWL 信号而言，由于小麦籽粒的生命体征和辐射出的光子信号极其微弱，小麦 UWL 信号易受采集环境和仪器背景噪声的影响，且信噪比较低，致使后续光子信号分析和特征提取过程中存在很大困难。对于小麦 DL 信号而言，虽然在信号采集过程中增加了额外的激发设备开销，但是小麦样本在经过光照激发后，其 DL 信号强度比 UWL 信号强度可提高数十倍甚至数千倍以上，极大地提高了信号的信噪比，因此我们只需要设定较小的采样间隔就能够采集到有效的 DL 信号样本，有效提高了样本采集的效率和质量。DL 信号克服了 UWL 信号易被仪器噪声湮没的缺点，即使在弛豫过程结束之后，光子辐射强度仍然远远高于机器背景噪声，便于进行信号处理和特征提取。从第 4 章的内容可知，对小麦样本 DL 信号进行特征提取需建立在对其精准拟合基础之上。然而，当直接使用双曲弛豫公式对样本信号进行拟合时，由于每个小麦样本 DL 信号的初始发光强度I_0差异较大，我们在实

际使用公式对 DL 信号进行拟合时只能先查验样本信号数据后再对I_0进行人工赋值。随着样本数量的增多，拟合效率会大大降低。此外，小麦样本 DL 信号的弛豫过程相对短暂，对小麦样本光子信号的表达能力相对有限。为了进一步提高模型的检测精度和泛化性能，本章首先使用 7 种光源分别对同一小麦样本进行光照激发，得到小麦样本多维度 DL 信号；然后在对样本 DL 信号训练之前，可将信号按照观测时间划分为不同区段信号，并在各个区段内引入相应的算法对信号进行自适应特征提取，进一步提升对小麦样本光子信号的表达能力；最后按照激发光源的类别构建多通道小麦新陈度检测模型，并在各个通道下分别对样本信号进行特征提取和模型训练，最终实现对分类结果的交互验证，进一步提高检测模型的检测精度和泛化性能。

本章的主要内容如下：5.1 节介绍了多通道下小麦样本 DL 区段信号的特征提取方法；5.2 节介绍了多通道下小麦样本近似 UWL 区段信号的特征提取方法；5.3 节介绍了多通道小麦新陈度检测模型的构建过程及模型的分类测试结果；5.4 节对本章内容进行了总结。

5.1　多通道下小麦样本 DL 区段信号的特征提取

从第 4 章中构建的基于 DL 信号小麦新陈度检测模型的测试结果来看，引入 Walsh 编码和解码机制能够有效地对多分类任务进行编码和转换，将单个多分类任务拆分成多个子二分类任务后，再对各个子二分类器单独进行训练和测试，从而使检测模型具备较强的纠错性能。和常规多分类 Bi-LSTM 网络的训练过程相比，虽然单个子二分类 Bi-LSTM 网络在训练时间和训练效果上都表现出巨大优势，但是随着样本数量的增多及样本特征维度的增加，花费在所有子分类器的总体训练时间较长，极大地影响了模型的检测时效。第 4 章节中构建的小麦新陈度检测模型建立在单光源激发下样本 DL 信号的基础之上，可使用的样本数据集非常有限，因此检测模型的精度在达到一定程度时很难再继续提升。此外，在对样本 DL 信号进行特征提取的过程中，每个样本 DL 信号都需要借助不同的双曲弛豫公式先拟合后再进行特征提取，极大地影响了模型的整体检测效率。鉴于此，能否进一步提升模型的检测精度和泛化性能，将是本节研究的重点和难点。

从第 2 章中不同光源激发实验可知，当小麦样本受到外界光源激发后，生物光子信号都会表现出短暂的弛豫过程，在弛豫过程结束后，生物光子信号又都逐渐趋向于 UWL 信号水平。鉴于此，本节利用 7 种光源分别对每个小麦样本进行光照激发，采集小麦样本多维度光子信号。

图 5-1 给出了 SW2015 小麦样本经 7 种不同光源激发后的多维度光子信号，总体测量时间为 300 s，采样间隔 0.1 s，光照激发时间 60 s，测量温度 25 ℃，测量电压 1 030 V，背景噪声强度 9 counts/0.1s。从图 5-1 可明显看出，小麦样本经不同光源激发后都表现出特定的弛豫过程，且都维持在 200 s 之内；同时在弛豫过程结束之后，光子辐射强度又都逐渐趋向于 UWL 辐射水平。

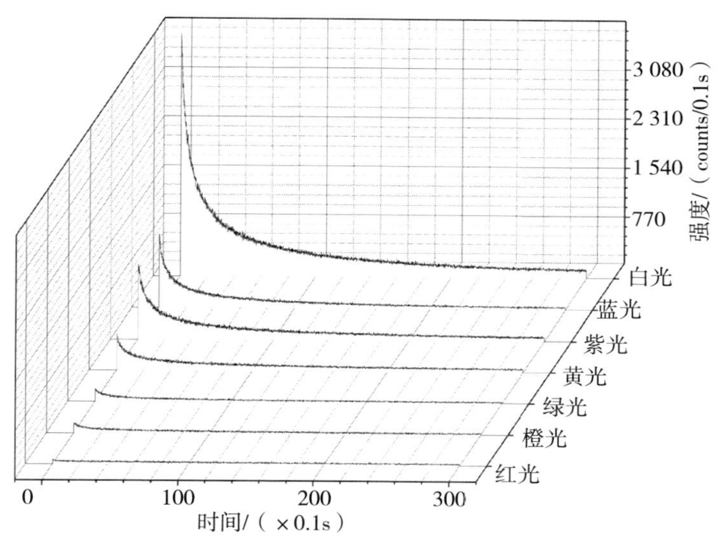

图 5-1　SW2015 小麦样本经 7 种不同光源激发后的多维度光子信号

我们可将每种维度下的样本光子信号划分为 3 个观测区段，依次是 DL 区段（DL segment）、过渡区段（transition segment）和近似 UWL 区段（approximate UWL segment, AUWL Segment）。通过对样本信号进行区段划分后，我们可分别对 DL 和 AUWL 区段信号进行特征提取，从而进一步提升对单个样本信号的特征表达能力。此外，与前面小麦样本 UWL 信号不同，AUWL 区段信号是在 DL 信号弛豫过程结束后的一种逐渐趋向于 UWL 信号的特殊观测区段，此时的光子信号强度仍远高于 UWL 信号，并具有较高的信噪比。

图 5-2 给出了 SW2015 小麦样本受白光激发后 3 个观测区段分割示意，样本总采样点数为 3 000 点，采样间隔 0.1 s，其中 DL 区段信号长度为 1 000 点，过渡区段信号

长度为 976 点，AUWL 区段信号长度为 1 024 点。经计算，图 5-2 中 SW2015 小麦样本 AUWL 区段信号的信噪比达到了 7，相比之前小麦样本 UWL 信号的信噪比提高了约 20 倍，因此非常便于进行时域和频域特征提取。

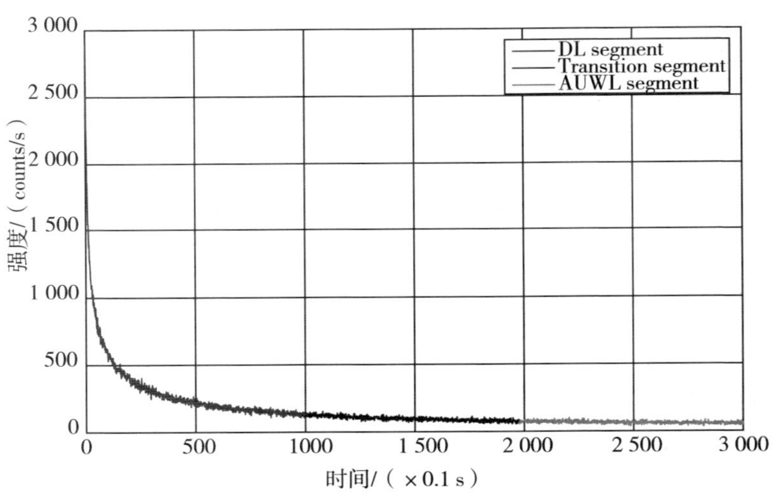

图 5-2　SW2015 小麦样本光子信号 3 个观测区段分割示意

针对 DL 区段信号，本节主要采用 B 样条函数对其进行自适应拟合，然后从拟合后的 B 样条函数曲线中提取相应的分类特征向量。针对 AUWL 区段信号，本节主要使用 EMD 算法对 AUWL 区段信号进行自适应分解，再分别提取各分量信号的两种频域特征和一种时域特征构成特征向量。

5.1.1　DL 区段信号的自适应拟合

从第 4 章节得出的结论可知，双曲函数虽然能够实现对小麦样本 DL 信号的精准拟合，但是拟合效率相对较低，且很难反映出 DL 信号中的局部波动特征。因此，进一步提高对 DL 信号的拟合效率和效果将直接决定基于拟合曲线进行特征提取的实时性和可行性。在造船、工程制图、航空飞行器设计过程中，人们经常用到一种可变形的细长软木条来绘制各种光滑曲线，这种富有弹性且不易被折断的细长软木条称为样条。在上述工程曲线绘制过程中，人们使用钉子或者其他固定物将样条固定在样本点上（加载样本点），同时确保样条在非样本点区域呈现自然弯曲状态，然后根据样条的形状绘制出相应曲线，即样条函数曲线[97]。然而，在小麦样本 DL 信号拟合过程中，直接使用样条函数会使整个曲线形状因为信号中某一点的突变而产生巨大差异，导致总体计算量的增加，也不利于对曲线局部修整。鉴于此，本节引入了 B 样条函数以改善样条函数在数据拟合时存在的上述缺点[98]。B 样条函数以其构造简单、使用方便、拟合准确等优良特性已经被广泛应用在数据插值、数据平滑和数据拟合等数值分析领域[99-101]。接下来将详细阐述利用 B 样条函数对小麦样本 DL 信号进行拟合的过程。

小麦样本 DL 信号中各个采样点用序列形式可表示为 $\{x_1, x_2, \cdots, x_k, x_{k+1}, \cdots\}$，$k$次第$i$个 B 样条函数可表示为

$$B_{i,0} = \begin{cases} 1, & x_i \leqslant x \leqslant x_{i+1}, \\ 0, & 其他 \end{cases} \tag{5-1}$$

$$B_{i,k}(x) = \frac{x - x_i}{x_{i+k} - x_i} B_{i,k-1}(x) + \frac{x_{i+k+1} - x}{x_{i+k+1} - x_{i+1}} B_{i+1,k-1}(x) \tag{5-2}$$

式中，$[x_i, x_{i+1}]$为 B 样条函数中的第i个节点区间。若在上式递推过程中产生 0/0 情况时，约定取值为 0。式（5-1）

和（5-2）称为 Cox-de Boor 递推公式[102-103]。由式（5-2）得知，$B_{i,k}(x)$可由两个（$k-1$）次 B 样条函数计算得出。根据式（5-1）和式（5-2）可直接推导出$B_{i,k}(x)$函数对x的导数，即

$$\frac{\mathrm{d}[B_{i,k}(x)]}{\mathrm{d}x}=\frac{k}{x_{i+k}-x_i}B_{i,k-1}(x)+\frac{k}{x_{i+k+1}-x_{i+1}}B_{i+1,k-1}(x) \quad (5\text{-}3)$$

通过上面 3 个式子可知，高阶次 B 样条函数及其导数可通过低阶次 B 样条函数逐步递推出来。

通过上述计算过程可知，B 样条函数具备以下几个显著特点。

（1）局部支撑性和非负性。$B_{i,k}(x)$只有在局部节点区间内取正值，其他区域为 0，即

$$B_{i,k}(x)=\begin{cases}>0,\ x\in[x_i,x_{i+k+1}],\\0,\ \text{其他}\end{cases} \quad (5\text{-}4)$$

（2）单位分解特性（凸包组合特性）。B 样条函数在任意节点范围$x\in[x_i,x_{i+1}]$内呈现完备分布状态，并且满足：

$$\sum_i B_{i,k}(x)=1 \quad (5\text{-}5)$$

图 5-3 给出了第 i 个节点区间 5 次 B 样条函数完整分布图，从图中可看出，$B_{i,5}(x)$的局部支撑区间仅取决于$x_i\leqslant x\leqslant x_{i+6}$范围内的取值，而在其他区间范围的取值均为 0。

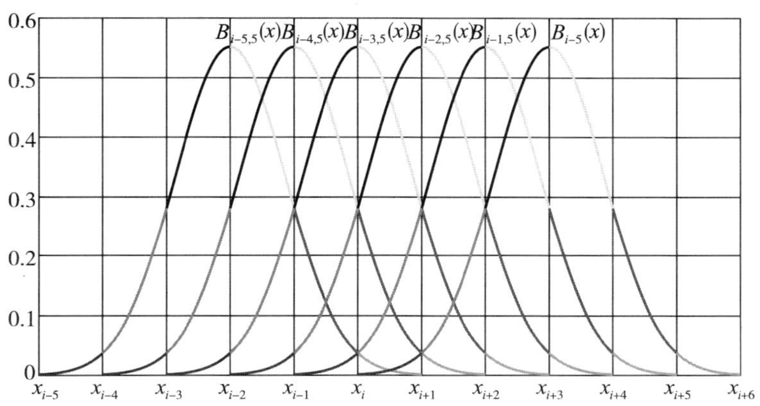

图 5-3　第i个节点区间 5 次 B 样条函数完整分布图

图 5-4 给出了在第i个节点区间$x \in [x_i, x_{i+1}]$上 B 样条基函数分布图，且满足条件：

$$\sum_{j=0}^{5} B_{i-5+j,5}(x) = 1 \tag{5-6}$$

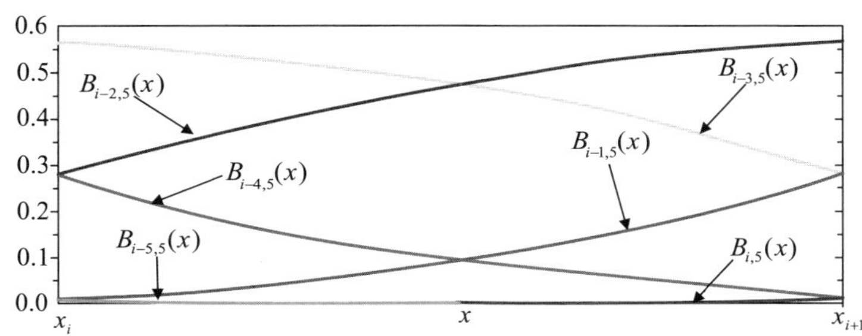

图 5-4　第i个节点区间上 B 样条基函数分布图

事实上，式（5-4）可推导出任意阶次 B 样条函数在

第i个节点区间$x \in [x_i, x_{i+1}]$上的单位分解性质，用公式可表示为

$$\sum_{j=0}^{k} B_{i-k+j,k}(x) = 1 \tag{5-7}$$

（3）高阶连续性。当不出现重复节点时，B 样条基函数在节点区间(x_i, x_{i+1})上的$B_{i,k}(x)$具有$(k-1)$阶连续性；若出现重复节点且重复度为m，则$B_{i,k}(x)$具有$(k-m-1)$阶连续性。

B 样条函数的整个计算过程比较简单，且当插值点逐渐加密时，不仅 B 样条函数收敛于本身，其微商函数也收敛于函数的微商。在实际应用过程中，一般使用 3 次 B 样条函数就能很好地符合实际需求 [104]。由 Cox-de Boor 公式可知，第i个 3 次 B 样条基函数可分为 4 个非零子区间，依次为$[x_i, x_{i+1})$, $[x_{i+1}, x_{i+2})$, $[x_{i+2}, x_{i+3})$, $[x_{i+3}, x_{i+4})$，且在这 4 个非零区间上 B 样条基函数是分段三次多项式，而在其他区间上的基函数均为 0。在非零区间上第i个 3 次 B 样条基函数可表示为

$$B_{i,3}(x) = \begin{cases} \left[\dfrac{(x-x_i)^3}{w'_{i,3}(x_i)}\right](x_{i+4}-x_i), & x_i \leqslant x \leqslant x_{i+1}, \\ \left[\dfrac{(x-x_i)^3}{w'_{i,3}(x_i)} + \dfrac{(x-x_{i+1})^3}{w'_{i,3}}\right](x_{i+4}-x_i), & x_{i+1} \leqslant x \leqslant x_{i+2}, \\ (x_{i+4}-x_i)\displaystyle\sum_{r=3}^{4}\dfrac{(x_{i+r}-x)^3}{w'_{i,3}(x_{i+r})}, & x_{i+2} \leqslant x \leqslant x_{i+3}, \\ \left[\dfrac{(x_{i+4}-x)^3}{w'_{i,3}(x_{i+4})}\right](x_{i+4}-x_i), & x_{i+3} \leqslant x \leqslant x_{i+4} \end{cases} \tag{5-8}$$

式中，$w_{i,3}(x)=\prod_{r=0}^{4}(x-x_{i+r})$。

于是在闭区间$[a,b]$给定样本点的基础上再加入新的节点后可扩展为

$$x_{-k}<\cdots<a=x_0<x_1<\cdots x_{N+1}=b<\cdots<x_{N+k+1} \quad (5-9)$$

此时得到的函数组$B_{i,k}(x)\ (i=-k,-k+1,\cdots,N)$在闭区间$[a,b]$上线性无关，进而构成样条空间中的一组基底。因此，在样条空间中的任意函数$f(x)$用 B 样条基函数可表示为

$$f(x)=\sum_{i=-k}^{N}c_iB_{i,k}(x) \quad (5-10)$$

式中，c_i为常数。

图 5-5(a) 给出了利用双曲函数公式对经白色光源激发后人工陈化种麦 ASW4 样本 DL 信号的拟合效果，式（2-9）中 3 个参数的取值分别为$I_0=4\,348$、$\tau=31.71$、$\beta=0.70$。图 5-5（b）给出了利用 B 样条函数对白色光源激发下人工陈化种麦 ASW4 样本 DL 信号的拟合效果。两种函数拟合效果的相关评价指标，如表 5-1 所示。

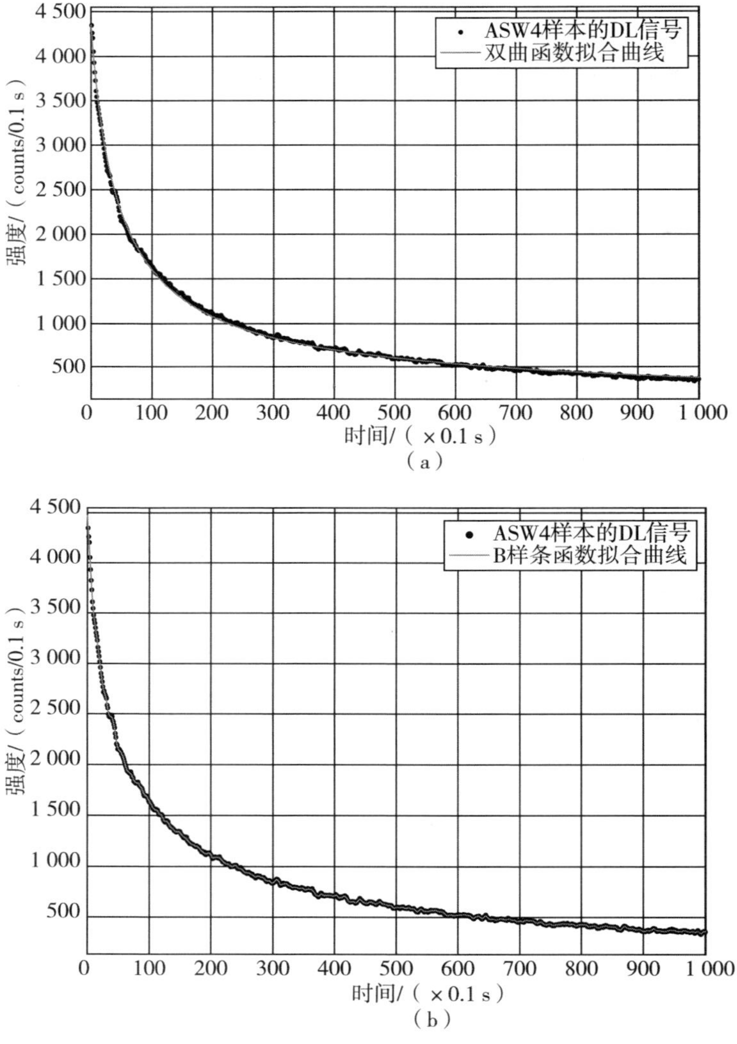

（a）

（b）

图 5-5　两种拟合算法对人工陈化种麦 ASW4 样本 DL 信号的拟合效果

（a）双曲函数对人工陈化种麦 ASW4 样本 DL 信号的拟合效果；（b）B 样条函数对人工陈化种麦 ASW4 样本 DL 信号的拟合效果

表5-1　人工陈化种麦ASW4样本DL信号的双曲函数拟合及B样条函数拟合效果评价指标

小麦样本	拟合函数类型	SSE	RMSE	R^2
ASW4	双曲函数	8.92e+05	29.90	0.997 8
	B 样条函数	2.50e+04	5.78	0.999 9

图 5-6（a）给出了利用双曲函数公式对经白色光源激发后 SW2018 小麦样本 DL 信号的拟合效果，式（2-9）中 3 个参数的取值分别为$I_0 = 2\,394$、$\tau = 39.24$、$\beta = 0.65$。图 5-6（b）给出了利用 B 样条函数对经白色光源激发后 SW2018 小麦样本 DL 信号的拟合效果。表 5-2 为对两种函数拟合效果的评价指标。

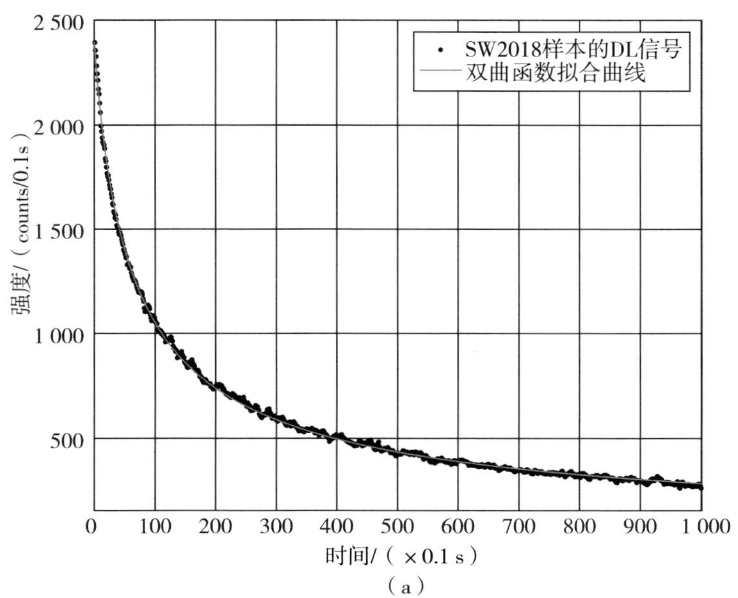

（a）

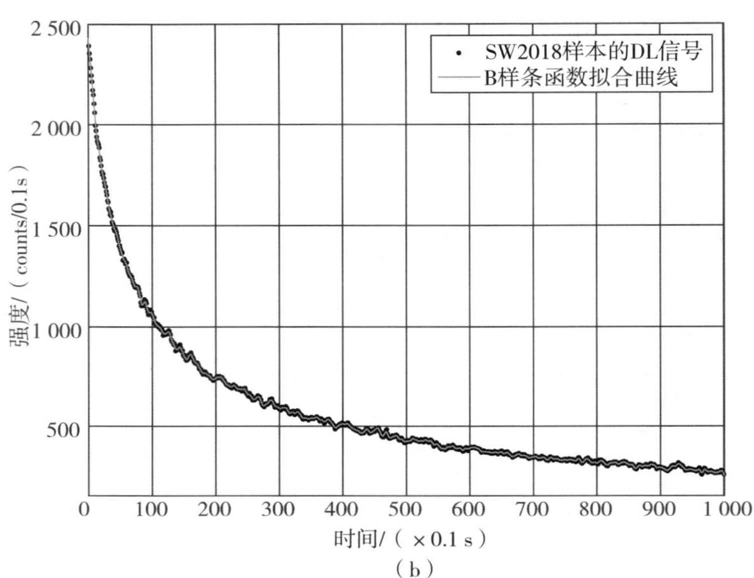

（b）

图 5-6　两种拟合算法对 SW2018 小麦样本 DL 信号的拟合效果图

（a）双曲函数对 SW2018 小麦样本 DL 信号的拟合效果；（b）B 样条函数对 SW2018 小麦样本 DL 信号的拟合效果

表5-2　SW2018小麦样本DL信号的双曲函数拟合及B样条函数拟合效果评价指标

小麦样本	拟合函数类型	SSE	RMSE	R^2
SW2018	双曲函数	1.82×10^5	13.49	0.998 7
	B 样条函数	1.68×10^4	4.74	0.999 8

从表 5-1 和表 5-2 给出的拟合效果评价指标来看，无

论是人工陈化种麦还是实仓存储小麦样本，B 样条函数对 DL 信号的拟合效果均优于双曲函数。这主要由于小麦样本 DL 信号虽然在理论上遵循式（2-9）所表示的双曲函数衰减规律，但是在实际信号采集过程中，DL 信号仍然会在小幅度内进行波动或稍稍偏离预定双曲函数轨迹［如图 5-5（a）和图 5-6（a）所示］因此，若直接使用双曲函数对 DL 信号进行拟合，产生的拟合误差相对较大；而 B 样条函数却能将 DL 信号中的小幅度波动情况较好地反映出来，［见图 5-5（b）和图 5-6（b）］，产生的拟合误差相对较小。

5.1.2　DL 区段信号的特征提取

根据第 2 章中阐述的生物光子相干理论可知，当生物系统受到外界光源激发时，系统内部的分子能够从基态跃迁为激发态。此时若不考虑任何相邻激发态之间的相互作用，激发态的弛豫速率可表示为$\mathrm{d}Q(t)/\mathrm{d}t$，其中$Q(t)$表示$t$时刻激发态的分子布居数。此时弛豫速率与对应的分子布居数满足线性关系，用公式可表示为

$$\frac{\mathrm{d}Q(t)}{\mathrm{d}t}=-k_1Q(t) \tag{5-11}$$

若将相邻激发态之间的相互作用考虑在内，式（5-11）可变换为

$$\frac{\mathrm{d}Q(t)}{\mathrm{d}t}=-k_2Q^2(t) \tag{5-12}$$

式中，k_1和k_2都是常数，反映了 DL 信号的衰减速率。

受式（5-11）和（5-12）所启发，通过求解 B 样条基函数在一些指定观测点处的导数值，我们可对样本 DL 信号的发光强度衰减趋势进行特征提取。

对 DL 区段信号进行特征提取可按照以下三个步骤进行：

（1）提取反映样本 DL 信号发光强度衰减趋势的特征向量。首先，利用 3 次 B 样条神经网络对预处理后的小麦样本 DL 信号进行拟合。鉴于 B 样条基函数具有分段连续的特点，同时为了方便后续区间划分，本节选取观测区间 [1,961] 范围内的拟合曲线作为目标曲线。然后，按照测量时间间隔对上述区间进行顺序划分，将目标曲线划分为 960 个测量区间。由 Cox-de Boor 公式可知，3 次 B 样条基函数在 4 个非零区间上是分段三次多项式，而在其他区间上的基函数均为 0。因此，我们可将 960 个测量区间按照 B 样条基函数的 4 个非零区间进行顺序划分，即将 $\{[x_1,x_2),[x_2,x_3),[x_3,x_4),[x_4,x_5)\}$ 划分为第 1 小组，……，$\{[x_{956},x_{957}),[x_{957},x_{958}),[x_{958},x_{959}),[x_{959},x_{960})\}$ 划分为第 240 小组，对式（5-8）中所表示的每个小组中的 B 样条函数进行求导运算，即可分别得到各个小组内 4 个测量区间的 B 样条导函数，然后将每个测量区间的中点值代入 4 个导函数并求绝对值后再取其平均值，此时就得到了表示每个小组区间内 DL 信号发光强度衰减趋势的导数值。最后，为了缩短模型训练时间，本节再按照小组编号顺序将上一步求得的 240 个值平均划分成 24 组，并对每组内的 10 个数值求取平均值，最终得到一个 24 维能够表示小麦样本 DL 信号发光强度衰减趋势的第一种特征向量。

（2）提取表示样本 DL 信号能量衰减变化的特征向量。将步骤（1）中的求导运算改为积分运算后，我们可得到一个相同维数的能够表示小麦样本 DL 信号能量变化的第二种特征向量。

（3）提取表示样本 DL 信号辐射强度变化的特征向量。将观测点为1,41,81,⋯,961共 24 个点所对应的 B 样条函数值所表示的 DL 光子信号辐射强度作为第 3 种分类特征向量，以表示小麦样本 DL 信号的辐射强度变化。

5.2　多通道下小麦样本 AUWL 区段信号的特征提取

5.2.1　AUWL 区段信号的自适应分解

为了能够有效提取到小麦样本 AUWL 区段信号的能量分布和频域特征，本节引入了经验模态分解（empirical mode decomposition, EMD）算法[105]。EMD 算法能够依据信号数据自身的时间尺度特征对信号进行自适应分解，且不需要预先设定任何基函数。从理论上讲，EMD 算法能够实现对任何信号的分解，尤其是在处理非平稳和非线性数据方面具有独特优势[106-108]。EMD 算法的核心思想是经验模态分解，它能将一个比较复杂的信号自动分解成有限个本征模函数（intrinsic mode function, IMF），分解后得到的各 IMF 分量包含了初始信号在不同尺度下的局部特征信息。然后我们对各个 IMF 分量进行希尔伯特变换得到其相应的时频谱，最终获得能表示原始信号的关键频率特征[109]。

以截取的后段经白色光源激发后的 SW2017 小麦样本 AUWL 信号$x(t)$为例，数据长度为 1 024，EMD 算法的具体实现步骤如下：

（1）找出$x(t)$中的所有极大值和极小值点，然后采用 3 次 B 样条函数基于这些极大值和极小值点分别拟合出上包络线$U_1(t)$和下包络线$L_1(t)$（见图 5-7）。

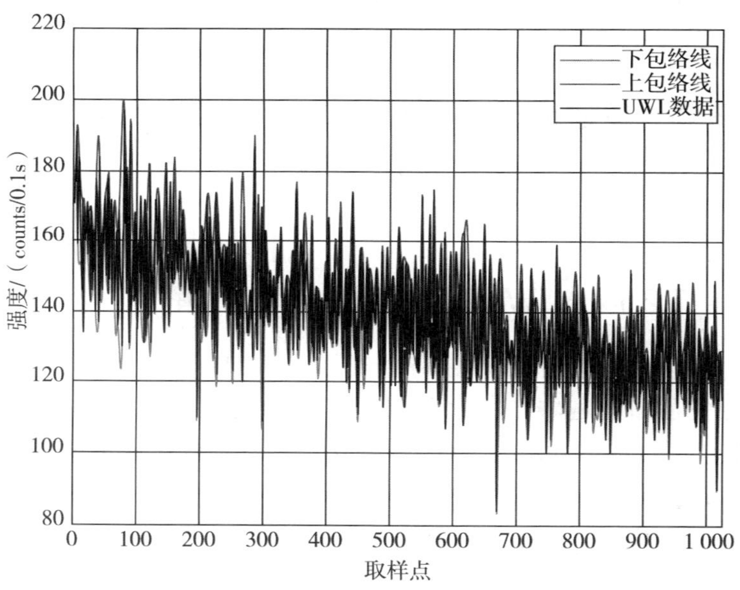

图 5-7　B 样条函数拟合 SW2017 小麦样本 AUWL 信号的上下包络线

（2）利用式（5-13）计算出上、下包络的均值序列$m_1(t)$，即

$$m_1(t)=\frac{1}{2}[U_1(t)+L_1(t)] \tag{5-13}$$

（3）利用式（5-14）消除原始信号$x(t)$中不对称的低频成分，得到差函数：

$$h_1(t)=x(t)-m_1(t) \tag{5-14}$$

（4）判定$h_1(t)$是否为本征模函数，判定规则如下：

①$h_1(t)$中零点数目N_1与极点数目（极小值和极大值的数量之和）N_2的差的绝对值不能大于 1，用公式可表示为

$$\left|N_1 - N_2\right| \leqslant 1 \tag{5-15}$$

②在任意时刻上、下包络曲线的平均值都为 0。

若不能同时满足上述两个判定规则，则$h_1(t)$仍被判定为初始序列，需要重复步骤（1）～（3），直到能满足上述两个判定规则为止，此时$h_1(t)$就被认定为本征模函数$c_1(t)$。

（5）在得到$c_1(t)$之后，用初始信号$x(t)$减去$c_1(t)$得到残余分量$r_1(t)$，即

$$r_1(t) = x(t) - c_1(t) \tag{5-16}$$

（6）将残余分量$r_1(t)$看作新的初始序列，重复步骤（1）～（5）后，就可以得到多个本征模函数$c_i(t)$ $(i = 2,3,\cdots)$，直到剩余分量不能再被分解为止。此时就得到了关于初始信号$x(t)$的最终 EMD 分解结果：

$$x(t) = \sum_{i=1}^{M} c_i(t) + p(t) \tag{5-17}$$

式中，$c_i(t)$为M个本征模态分量；$p(t)$为余项。

整个 EMD 分解步骤相当于将初始信号$x(t)$进行逐步“筛”分，过筛后的信号不仅滤除了叠加波，还使 IMF 分量经 Hilbert 变换后的瞬时频率具备了实际意义。此外，初始信号$x(t)$经过筛分后，使振幅变化较大的相邻波变得比较平滑，滤除了部分无意义的振幅波动信息。为了确保 IMF 分量信号中的调频和调幅都能将初始信号中的信息反映出来，在实际使用 EMD 算法对信号进行分解的过程中，我们可通过计算两个连续筛分结果的标准差（standard deviation,

SD）来决定筛分过程是否继续进行。两个连续筛分结果的SD定义如下：

$$\mathrm{SD}=\sum_{t=0}^{T}\frac{\left|c_{k-1}(t)-c_{k}(t)\right|^{2}}{c_{k-1}^{2}(t)} \tag{5-18}$$

一般而言，当$0.2<\mathrm{SD}<0.3$时，筛分过程结束。因此，我们通过SD的取值可有效控制筛分次数，从而使分解得到的 IMF 分量能够同时保留原始信号中的频率调制信息和幅度调制信息。

上述 EMD 算法可将初始信号$x(t)$分解成M个 IMF 分量和一个残余量$p(t)$，为了进一步对分解后的 IMF 分量信号进行时频谱分析，我们需要对每一个 IMF 分量进行 Hilbert 变换。由于信息量大的信息一般只出现在信号的高频部分，因此在进行 Hilbert 变换时，我们通常把低频分量或者残余分量$p(t)$省去。

对任一 IMF 分量$c_i(t)$，其 Hilbert 变换$\tilde{c}_i(t)$可表示为

$$\tilde{c}_i(t)=c_i(t)*\frac{1}{\pi t}=\frac{1}{\pi}P\int_{-\infty}^{\infty}\frac{c_i(\tau)}{t-\tau}\mathrm{d}\tau \tag{5-19}$$

式中，P为柯西主值。由$c_i(t)$和$\tilde{c}_i(t)$可构成一个新的解析信号$z_i(t)$，即

$$z_i(t)=c_i(t)+j\tilde{c}_i(t)=a_i(t)\mathrm{e}^{j\theta_i(t)} \tag{5-20}$$

式中，$a_i(t)=[c_i{}^2(t)+\tilde{c}_i{}^2(t)]^{1/2}$，$\theta_i(t)=\arctan\left[\frac{\tilde{c}_i(t)}{c_i(t)}\right]$。

此时瞬时频率$\omega_i(t)$可表示为

$$\omega_i(t)=\frac{\mathrm{d}\theta_i(t)}{\mathrm{d}t} \tag{5-21}$$

由式（5-21）可求出$\theta_i(t)$，即

$$\theta_i(t)=\int\omega_i(t)\mathrm{d}t \tag{5-22}$$

此时，初始信号$x(t)$可表示为

$$x(t)=\sum_{i=1}^{M}c_i(t)=\sum_{i=1}^{M}\mathrm{Re}[a_i(t)\mathrm{e}^{j\theta_i(t)}]=\mathrm{Re}\sum_{i=1}^{M}a_i(t)\exp(j\int\omega_i(t)\mathrm{d}t) \tag{5-23}$$

式中，Re[]为取实部操作。

图 5-8 给出了 SW2017 小麦样本经白色光源激发后 AUWL 信号的自适应 EMD 分解图，为了尽量减弱弛豫作用的影响和便于计算，本节特截取了样本数据最后的 1 024 个观测点作为待分解的 AUWL 信号。从图 5-8 可看出，AUWL 信号借助 EMD 算法可自适应地分解为 7 个 IMF 分量和 1 个残余量。

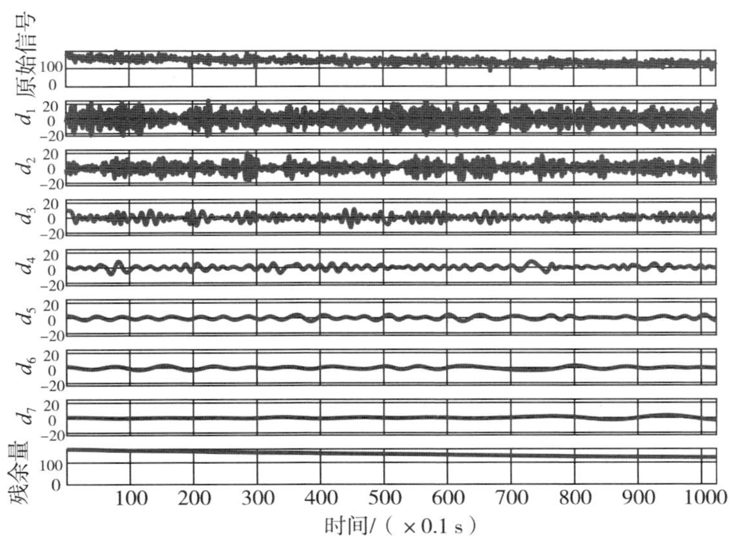

图 5-8　SW2017 小麦样本经白色光源激发后 AUWL 信号的自适应 EMD 分解图

5.2.2 AUWL 区段信号的特征提取

从前面内容可知，利用 EMD 算法对 SW2017 小麦样本 AUWL 信号进行自适应分解后可得到 7 个 IMF 分量和 1 个残余量，各个 IMF 分量和残余量信号的能量分布状况如表 5-3 所示。通过计算各个 IMF 分量的能量分布、边际谱的总幅值及峭度值，我们能够对 AUWL 信号进行特征提取。

表5-3 SW2017小麦样本AUWL信号经EMD分解后各种分量的频率和能量分布

分量编号	频率分布范围 /Hz	能量分布状况 /%
IMF1	0.099 1 ～ 0.475	0.09
IMF2	0.002 22 ～ 0.144	0.24
IMF3	0.000 996 ～ 0.019 3	3.11
IMF4	0.002 9 ～ 0.025 3	1.33
IMF5	0.000 08 ～ 0.003 92	21.63
IMF6	0.000 593 ～ 0.007 51	1.02
IMF7	0.000 55 ～ 0.002 42	9.05
残余量	0.000 0344 ～ 0.002 94	63.53

从表 5-3 可看出，各个 IMF 分量信号的能量分布状况差异较大，因此我们可使用各 IMF 分量信号的能量分布构建第一类输入特征向量。

接下来对 SW2017 样本 AUWL 信号经过 EMD 分解后得到的 IMF 分量进行 Hilbert 变换（见图 5-9）。从图 5-9 可看出，IMF1 分量经 Hilbert 变换后可得到相应的瞬时振幅、瞬时相位和瞬时频率；IMF1 分量信号的频率和幅度都为时间 t 的函数，这种变化的频率和幅度极大地提高了对初始信号的分解和提取效率。小麦样本 AUWL 信号通过上述分解和变换后，就可以拆分为用时间、频率和幅值所构成的分量来表示的形式，其中幅值可用时频平面中的等高线来表示，这种时频分布称作 Hilbert 谱，简记为 $H(\omega,t)$。对 Hilbert 谱中所有时间变量求取积分运算，则可得到 Hilbert 边际谱 $h(\omega)$，即

$$h(\omega)=\int_0^T H(\omega,t)\mathrm{d}t \tag{5-24}$$

式中，T 为序列的长度。

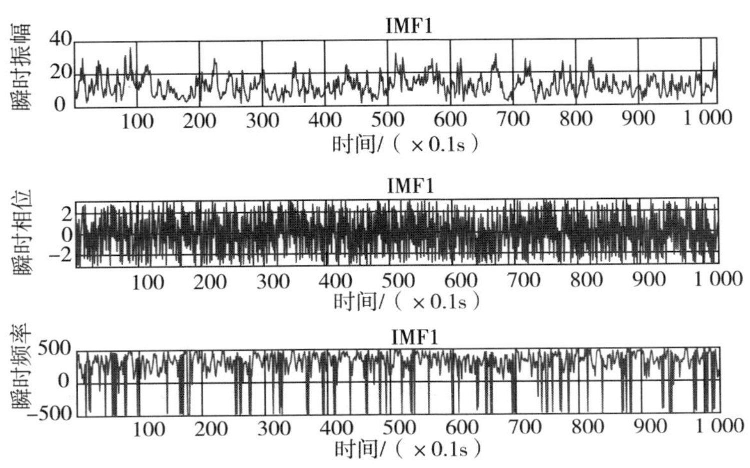

图 5-9　IMF1 分量经 Hilbert 变换后的瞬时振幅、瞬时相位和瞬时频率

由边际谱的定义可知，$h(\omega)$表示信号幅值在整个频段上随频率变化的规律，和传统的傅里叶频谱相比，Hilbert 边际谱具备更好的频率分辨率和信号频域表达能力[110]。从统计意义来看，$h(\omega)$反映了信号在整个时间跨度内每个频率点处的能量累计情况，能够在频域内对非平稳信号进行表达。

本节按照式（5-24）绘制了分量信号 IMF1 的边际谱（见图 5-10），随后对图 5-10 所示的边际谱在横坐标频率范围内进行积分运算，得到分量信号 IMF1 的总体幅度值，最后按照相同的方法求出剩余 6 个 IMF 分量信号（残余分量信号除外）的总体幅度值，并组建成第二类输入特征向量。

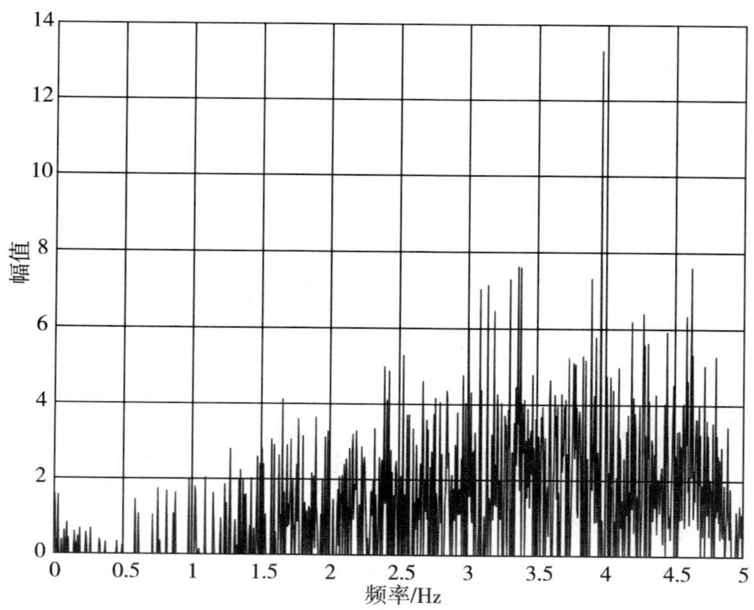

图 5-10　分量信号 IMF1 的边际谱

为了更好地反映各个分量信号在时域内的波形变化特征，选用式（5-25）表示的峭度K_u（kurtosis）构成第三类输入特征向量。

$$K_u=\frac{\sum_{i=1}^{N}(|x_i|-\overline{X})^4}{\sigma^4} \tag{5-25}$$

式中，σ，$\overline{X}$分别为各个 IMF 分量信号的标准差和均值；$x_i(1\leqslant i\leqslant N)$为对应观测点的光子信号强度值。

和第 3 章节中的小麦样本 UWL 信号不同，本章分析的小麦样本 AUWL 信号并非真正意义上的 UWL 信号，它是小麦样本在弛豫过程结束后趋向于 UWL 信号的一个特殊观测区段。AUWL 信号表现出以下几种独特优势：①和小麦样本 UWL 信号相比，AUWL 信号具有较高的信噪比；② AUWL 信号仍具有较强的光子辐射水平，从而有效缩短了采样时间间隔，极大地提高了样本信号的采集效率和质量；③高信噪比的 AUWL 信号便于进行时域、频域和能量分布特征提取，进一步提升样本信号的表达能力。

5.3　构建多通道小麦新陈度检测模型

本节首先将小麦样本 DL 和 AUWL 区段信号有效结合起来，分别对 DL 和 AUWL 区段信号进行特征提取，以提高对小麦样本光子信号的表达能力；然后按照激发光源的类别构建相应的信号通道，将构建的 DL 和 AUWL 特征向量分别在各个通道下进行模型训练和测试，实现对输出结果的交互验证，以进一步提高模型的检测准确率和泛化性能。

5.3.1 多通道小麦新陈度检测模型

针对小麦样本DL区段信号，本节主要采用3次B样条函数对其进行自适应拟合，然后按照5.2节中的特征提取方法对DL区段信号进行特征提取，并构建特征向量输入DL通道下的Bi-LSTM网络中进行有监督训练。针对AUWL区段信号，本节主要使用EMD算法对其进行自适应分解，然后按照5.3节中的特征提取方法分别提取各个分量信号的两种频域特征和一种时域特征构建特征向量，并输入AUWL通道下的Bi-LSTM网络中进行有监督训练。

当两个通道中的网络模型完成训练时，本节将测试样本经过相同处理后，分别输入对应通道模型中进行分类测试。若两种模型的分类输出结果一致，则将该结果作为最终分类结果进行输出；若两个通道下的分类输出结果不一致，则按照小麦样本对激发光源的敏感程度继续进行下一通道模型中的训练和测试，直到两种模型的分类输出结果一致时才停止训练并输出最终分类结果；若所有通道中模型的输出结果都不一致，则可将所有通道中DL信号和AUWL信号的输出结果进行统计，并将输出结果出现的最大频次作为分类模型的最终输出，若出现最大频次相等的情况，则将DL通道中输出结果的最大频次作为最终输出。图5-11给出了基于DL和AUWL信号多通道小麦新陈度检测模型的结构。从图5-11可看出，对剩余20%测试样本的检测是经过不同通道下Bi-LSTM网络交互验证之后再进行决策输出的，以此实现进一步提高模型分类准确率的目的。

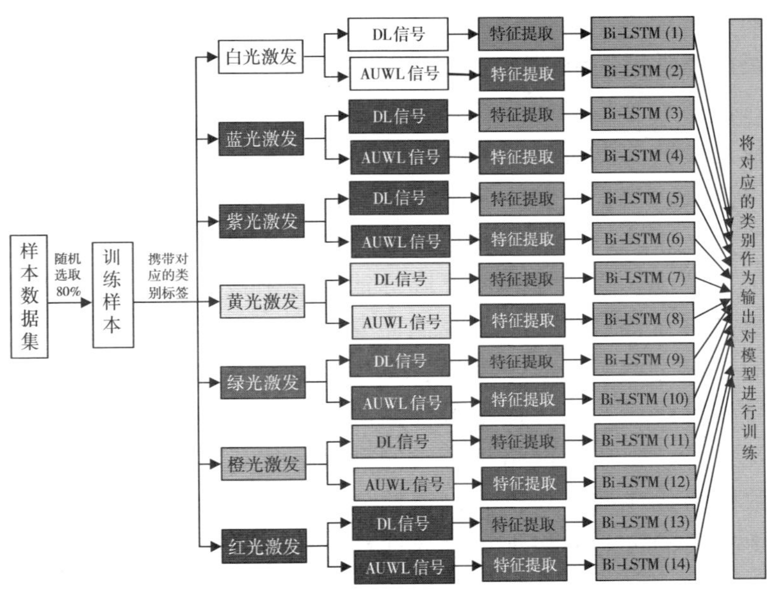

图 5–11　基于 DL 和 AUWL 信号多通道小麦新陈度检测模型的结构

5.3.2　模型超参数设置

在利用深度学习网络构建小麦新陈度检测模型的过程中，模型根据训练样本数据可自动学习一些变量（如网络权重、偏置等），这些通过网络学习而获得的变量称作参数（parameters）。在对检测模型进行训练前，我们需要采用人工干预的方式预先设定一些参数，如学习率（learning rate）、迭代次数（epochs）及批大小（batch size）等，这类需要人工设定的模型参数称作超参数（hyperparameters），简称超参。不同超参设置会直接影响模型的分类检测结果。下面就各个通道下 Bi-LSTM 网络中的相关超参设置问题展开详细分析并选出最佳超参，为后续深度学习网络训练和测试作准备。

在整个检测模型训练过程中，学习率直接决定着网络权重参数的更新效率。从图 3-15 给出的梯度下降算法原理可看出，当损失较大且梯度比较陡峭时，权重更新的幅度增大；反之，当损失较小且梯度比较平坦时，权重更新的幅度减小。为了使梯度下降算法表现出最佳性能、网络参数能够获得最优取值，我们需要将学习率设定在一个合适的范围之内。若学习率设置太大，则网络权重参数很可能直接跳过最优值，而在最优值附近振荡徘徊；若学习率设定太小，则整个网络训练时间和参数优化时间会变长，导致网络优化效率过低或网络收敛缓慢。在学习率设置过程中，我们可对网络训练误差曲线折中取值。具体遵循的原则如下：对于较好的学习率，相应的误差曲线应当比较平滑，且最终能使网络性能达到最优。

接下来，本节以 5 个年份实仓存储小麦样本 DL 信号作为测验数据，对 Bi-LSTM 网络中的超参数进行选定：首先使用白色光源对小麦样本进行光照激发并进行光子信号采集；然后将 DL 区段信号（信号长度为 1 000 点）进行数据预处理后，使用 3 次 B 样条函数进行自适应拟合；最后按照 5.2 节中的 DL 区段信号特征提取方法构建特征向量并输入 Bi-LSTM 网络中进行训练。图 5-12 给出了在不同学习率下的 Bi-LSTM 网络损失曲线。从图 5-12 中可清晰看出，当学习率设定为 0.01 时，损失曲线虽然下降比较快，但是波动较大，最终可能导致网络模型性能不稳定；当学习率设定为 0.000 1 时，损失曲线虽然下降比较平滑，但是下降速度太过缓慢，可导致整个网络模型训练时间过长或

者无法收敛。在综合考虑以上因素后，本节最终将检测模型的学习率设定为 0.001。

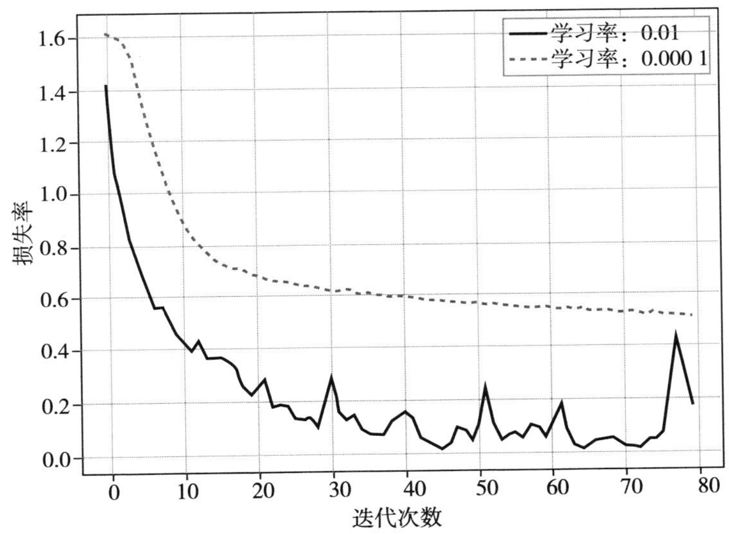

图 5-12　不同学习率下的 Bi-LSTM 网络损失曲线

接下来，本节将对 Bi-LSTM 网络中另外两个超参（batch size 和 epochs）进行相应的设置。一次 epoch 是指将所有的训练样本数据输入网络模型中完成一次前向传播的过程；batch 是指每次送入网络进行训练的部分样本数据，而 batch Size 是指每个 batch 中包含的训练样本数量。然而，随着样本数据集的增大，一次迭代所包含的数据量增多，导致计算机无法负载。因此，我们在模型训练过程中需要将数据分成多个较小的批次（batches），从而使每个批次中的数据量能够被网络所承载，实现快速更新网络权重参数并使网络尽快收敛的目的。

图 5-13 展示了 Bi-LSTM 网络在不同 batch size 下的损失曲线。从图 5-13 可看出，batch size 直接影响着网络模型的收敛性，当 batch size 设定为 8 时，训练曲线表现出较强的振荡性；而较大的 batch size 会使整个损失曲线变得相对平滑。经过多次训练并综合考虑各因素后，本节最终将 batch size 设定为 32。

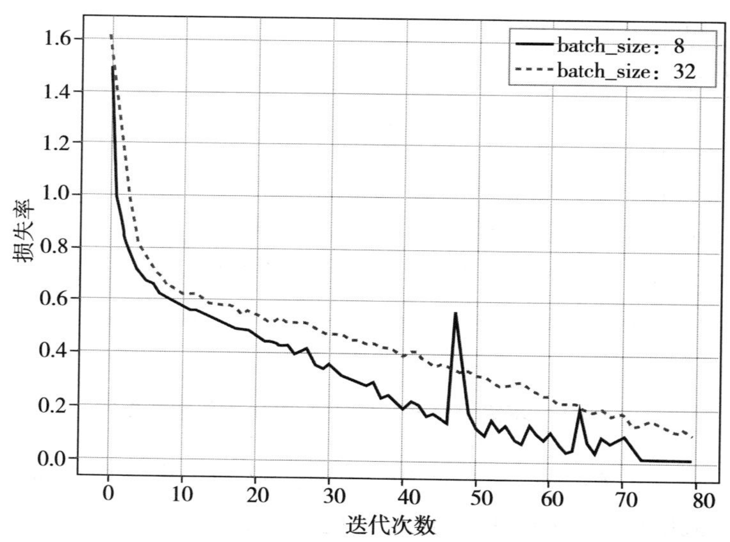

图 5-13　不同批大小下的 Bi-LSTM 网络损失曲线

在确定好学习率和 batch size 参数之后，图 5-14 给出了在学习率 lr=0.001 及 batch size=32 条件下不同迭代次数的模型训练曲线。从图 5-14 可看出，在迭代次数为 80 时，损失函数值就已经下降到 0.007 8，因此本节最终将迭代次数设定为 80。

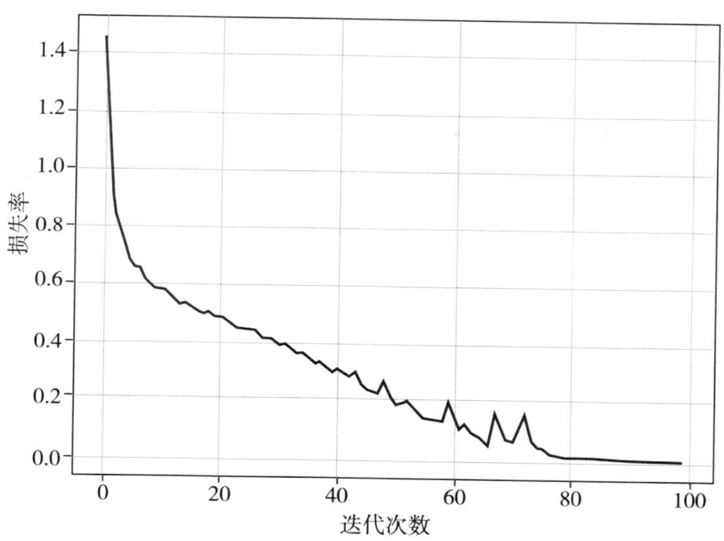

图 5-14　不同迭代次数下的 Bi-LSTM 网络损失曲线

5.3.3　实验结果及分析

为了验证多通道小麦新陈度检测模型的分类性能，本节分别对 5 个年份实仓存储小麦样本（SW2015 ~ SW2019）和人工陈化种麦样本（ASW1 ~ ASW5）两类数据集进行了训练和测试，同时分别引入了其他 3 种基准模型（SVM、BP 神经网络、常规 Bi-LSTM 网络）进行分类测试结果比对。每个小麦样本的测量时间均设定为 300 s（其中 DL 观测区间为前段 100 s，AUWL 观测区间为后段 102.4 s，中间区间为过渡区段）、测量时间间隔 0.1 s。测量 DL 信号的实验环境参数按照第 2 章节中选定的工况进行。除此之外，为了保证分类结果的可比性，本节对所有小麦 DL 样本数据都使用第 2 章节中给定的预处理操作进行处理。

图 5-15 和图 5-16 分别给出了使用常规 Bi-LSTM 网络在两类小麦样本数据上的训练精度和损失曲线，为了便于性能比较，本节将提取的 DL 区段信号特征和 AUWL 区段信号特征拼接起来，共同构成常规 Bi-LSTM 网络的输入特征向量。Bi-LSTM 网络超参设置按照前面确定的参数进行设定。

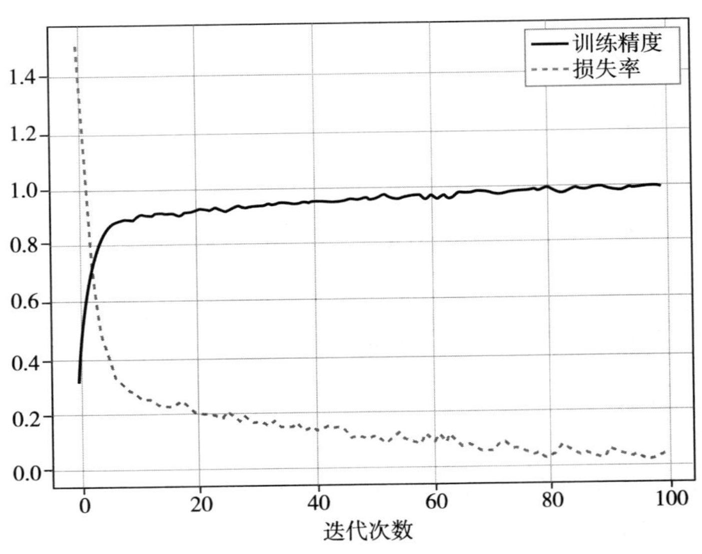

图 5-15　常规 Bi-LSTM 网络在人工陈化种麦样本数据上的训练精度和损失曲线

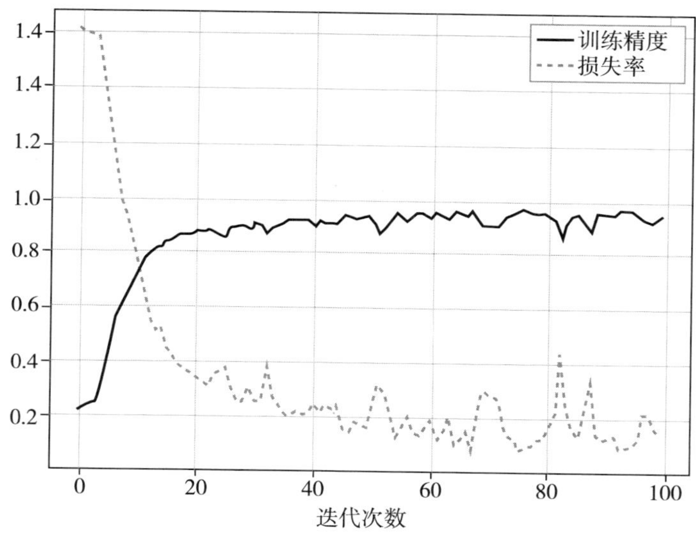

图 5-16　常规 Bi-LSTM 网络在实仓存储小麦样本数据上的训练精度和损失曲线

从图 5-15 和图 5-16 可看出，Bi-LSTM 网络在处理小麦光子信号方面展现出了优良的学习性能，特别是损失曲线在两类数据集上仅用较少的迭代次数就能下降到很低的程度。Bi-LSTM 网络在人工陈化种麦数据集上的训练精度明显优于实仓存储小麦，这主要由于实仓存储小麦品种繁杂，且籽粒形态不均匀，致使籽粒内部分子布居数差异较大，采集到的光子信号也较为复杂。

图 5-17 分别给出了常规 Bi-LSTM 网络在两类小麦样本测试集上的混淆矩阵。从图 5-17（b）来看，常规 Bi-LSTM 网络在实仓存储小麦样本测试集上分类准确率相对较低。为了便于对模型分类性能进行比对，本节使用了两种经典分类模型 SVM 和 BP 神经网络对提取的特征向量

进行训练和测试，具体训练和测试结果如表 5-4 所示。从表 5-4 可看出，和两种经典分类模型相比，常规 Bi-LSTM 网络在人工陈化种麦样本测试集上可达到一个较高的分类精度。

输出类别 \ 目标类别	0	1	2	3	4	
0	18 18.0%	0 0.0%	0 0.0%	0 0.0%	0 0.0%	100% 0.0%
1	0 0.0%	20 20.0%	0 0.0%	0 0.0%	2 2.0%	90.9% 9.1%
2	1 1.0%	0 0.0%	18 18.0%	0 0.0%	1 1.0%	90.0% 10.0%
3	1 1.0%	0 0.0%	1 1.0%	19 19.0%	0 0.0%	90.5% 9.5%
4	0 0.0%	0 0.0%	1 1.0%	1 1.0%	17 17.0%	89.5% 10.5%
	90.0% 10.0%	100% 0.0%	90.0% 10.0%	95.0% 5.0%	85.0% 15.0%	92.0% 8.0%

（a）

输出类别 \ 目标类别	0	1	2	3	4	
0	17 17.0%	0 0.0%	1 1.0%	1 1.0%	1 1.0%	85.0% 15.0%
1	1 1.0%	18 18.0%	0 0.0%	0 0.0%	2 2.0%	85.7% 14.3%
2	1 1.0%	1 1.0%	17 17.0%	1 1.0%	1 1.0%	81.0% 19.0%
3	1 1.0%	1 1.0%	1 1.0%	16 16.0%	1 1.0%	80.0% 20.0%
4	0 0.0%	0 0.0%	1 1.0%	2 2.0%	15 15.0%	83.3% 16.7%
	85.0% 15.0%	90.0% 10.0%	85.0% 15.0%	80.0% 20.0%	75.0% 25.0%	83.0% 17.0%

（b）

图 5–17　常规 Bi–LSTM 网络在两类小麦样本测试集上的混淆矩阵

（a）人工陈化种麦；（b）实仓存储小麦

表5–4　两类小麦样本数据集在不同分类模型上的训练和测试结果

小麦样本数据集	分类模型	训练精度 /%	测试精度 /%
人工陈化种麦	SVM	91	89
	BP 神经网络	85	80
	Bi–LSTM 网络	97	92
	多通道 Bi–LSTM 网络	100	95
实仓存储小麦	SVM	88	81
	BP 神经网络	83	76
	Bi–LSTM 网络	87	83
	多通道 Bi–LSTM 网络	98	94

从表 5-4 可看出，常规 Bi-LSTM 网络虽然在人工陈化种麦数据集上具有较高的训练和测试准确率，但是在实仓存储小麦样本数据集上的训练和测试准确率相对较低。为了进一步提升模型的分类检测准确率和泛化性能，本节使用多通道模型对两类小麦样本分别在不同光源激发后的光子数据集上进行特征提取和模型训练，以实现对输出结果的交互验证。图 5-18 分别给出了多通道 Bi-LSTM 网络在两类小麦样本测试集上的混淆矩阵。从图 5-18 和表 5-4 可看出，多通道 Bi-LSTM 网络模型在两类小麦样本测试集上的分类准确率比常规 Bi-LSTM 网络模型分别提高了 3% 和 11%，充分验证了小麦样本光子数据在经过不同通道进行训练和测试后，可以实现对输出结果的交互验证，从而进一步提升模型的分类检测准确率和泛化性能。

输出类别 \ 目标类别	0	1	2	3	4	
0	18 18.0%	0 0.0%	0 0.0%	0 0.0%	0 0.0%	100% 0.0%
1	1 1.0%	19 19.0%	0 0.0%	0 0.0%	1 1.0%	90.5% 9.5%
2	0 0.0%	0 0.0%	20 20.0%	0 0.0%	1 1.0%	95.2% 4.8%
3	1 1.0%	0 0.0%	0 0.0%	20 20.0%	0 0.0%	95.2% 4.8%
4	0 0.0%	1 1.0%	0 0.0%	0 0.0%	18 18.0%	94.7% 5.3%
	90.0% 10.0%	95.0% 5.0%	100% 0.0%	100% 0.0%	90.0% 10.0%	95.0% 5.0%

（a）

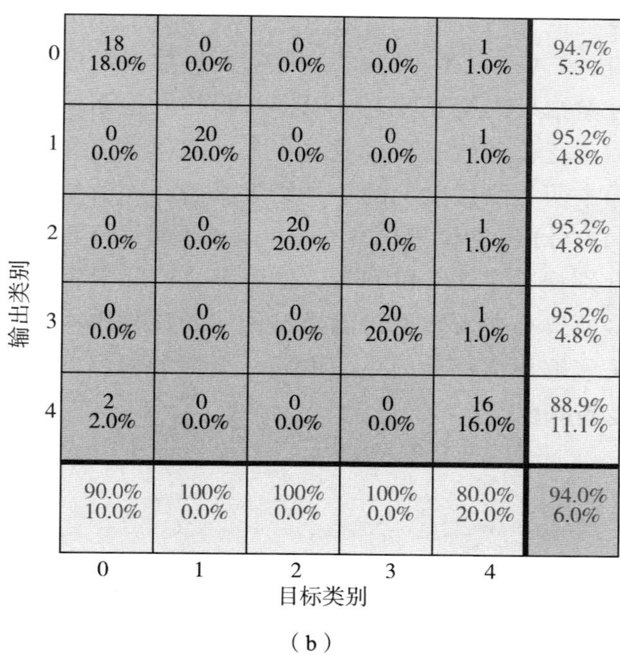

（b）

图 5-18　多通道 Bi-LSTM 网络在两类小麦样本测试集上的混淆矩阵

（a）人工陈化种麦；（b）实仓存储小麦

5.4　本章小结

本章提出了一种基于样本 DL 区段和 AUWL 区段信号的多通道小麦新陈度检测模型。本章首先使用 7 种光源对小麦样本进行光照激发，并采用延长观测时间的方法将小麦样本信号划分为 DL 区段和 AUWL 区段信号，以提升对小麦样本信号的特征表达能力；然后在多个通道下分别对DL区段和AUWL区段信号进行特征提取和模型训练，实现对分类结果的交互验证，以进一步提升检测模型的分类准确率和泛化性能；最后通过在人工陈化种麦和实仓存储小麦样本两类测试集上的分类结果来看，本节构建的多通道Bi-LSTM网络模型比常规Bi-LSTM网络模型的分类准确率分别提升了3%和11%。总而言之，基于生物光子信号的多通道小麦新陈度检测模型的成功构建再次证明了生物光子能够作为一种简单、准确、无损的检测手段用于判定小麦新陈度。

第6章　基于光子信号的小麦霉变检测

根据联合国粮食及农业组织（food and agriculture organization of the united nations, FAO）的统计，世界上近四分之一的农作物在储存前或储存期间会受到霉菌的侵染。我国每年因霉变而造成的粮食产后损失约占总产量的4.2%。当储藏环境的湿度和温度达到一定的条件时，小麦籽粒自身携带的微生物或者外界环境中的微生物就开始在小麦表皮上生长蔓延，严重影响着储藏小麦的数量和质量[111]。霉变麦粒一旦被制备成食品或饲料产品，其携带的霉菌极易使人或动物产生一系列疾病，如生长迟缓、免疫抑制、死亡等[111-112]。因此，研发出一种快速、准确、绿色的霉变检测技术对保障储藏小麦的数量和质量，以及后续的加工食用安全至关重要。

前面提及的用于检测小麦新陈度的物理类方法同样可以用于小麦霉变的检测。电子鼻是一种能够用来感知和识别被测样品气体浓度的高精度电子系统，由于霉变小麦和健康小麦挥发出的气体浓度不同，因此电子鼻可以将感知到的不同气体浓度转换为不同的电信号，然后根据输出电信号做出相应判断。邹小波和赵杰文应用径向基函数（radial basis function, RBF）神经网络算法对电子鼻采集到的霉变小麦数据进行了分析和处理，结果表明该算法对霉变小麦的识别准确率可达 100%[113]。赵天霞等采用电子鼻技术结合偏最小二乘回归算法，实现了同时检测谷物中五种有害霉菌的目的[114]。沈飞等基于电子鼻技术，利用线性判别分析和最小二乘判别分析模型对黄曲霉毒素、寄生曲霉和青霉素感染的谷物样品进行检测，整体识别率分别达到了 100% 和 97.4%[115]。上述文献可以证明，利用电子鼻技术来判定小麦籽粒品质是一种行之有效的方法。同时，电子鼻以其高精度、绿色、无损等优良特点现已成为广受人们青睐的检测技术之一。电子鼻技术的缺点在于电子鼻不但制作工艺比较复杂，而且基线容易漂移，传感器的灵敏性和稳定性有待进一步提高。储藏小麦籽粒受到真菌侵染后，不可避免地会引起籽粒内部各种营养组分转化、水分含量变化及蛋白质变质等，从而显著改变太赫兹光谱响应特性。秦建平等率先提出了将太赫兹技术应用于小麦霉变检测的构想，并详细分析了太赫兹检测技术相比传统检测技术的众多优势[116]。Ge 等人用太赫兹时域光谱法分别对霉变小麦、虫害小麦、发芽小麦和正常小麦进行了测试比对，实验结果表明，不同状态下的小麦籽粒对太赫兹光谱的折射率和吸收参数不同[117]。几年后，Ge 等人再次利用太赫兹技术结合多源信息融合分析方法对霉变小麦进行识别，正确率超过了 80%[118]。Silvia 团队将近红外技术应用于检测小麦发霉籽粒的流变学参数，实验结果表明，近红外技术可以准确判定小麦的发霉状态[119]。Jiang 等基于主成分分析（principle component analysis，PCA）方法利用阵列光谱仪对感染不同霉菌的小麦样品进行聚类分析，同时提取主成分比例，建立了一套准确

率为 90% 的线性判别分析（linear discriminant analysis, LDA）模型[120]。Femenias 等将近红外技术应用于小麦样品中脱氧雪腐镰刀菌醇和麦角甾醇的识别，识别准确率超过 90%[121]。

用于检测小麦霉变的生化类方法主要有平板计数法、酶联免疫法和免疫荧光染色法。平板计数法全称为平板菌落计数法，是一种判定小麦籽粒是否受到真菌侵染的有效方法。平板计数法的基本原理是将待测霉变小麦样品中携带的真菌经过稀释和培养，使每个单细胞繁殖成肉眼可见的菌落，相应的菌落数代表繁殖前的原始细胞数量，最后根据稀释倍数和取样接种量可定量检测样品中所含真菌数量。杨玉琴等对平板计数法进行了详细研究，指出当菌落数在 300 以下时，可获得相对准确的软件自动计数结果和较好的可重复性[122]。Susana 等对平板计数法与动态光散射法进行了详细比较，并指出平板计数法在菌落数较少的情况下具有优良的测定精度[123]。平板计数法的不足之处在于操作烦琐、检测时间长、易受外界环境中真菌侵染。酶联免疫法（enzyme-linked immunosorbent assay, ELISA）是由 Engvall 等最先提出的[124-125]。ELISA 的基本原理如下：先将抗原或抗体偶联到特定载体表面并使其保持活性，然后使抗原或抗体与特定的酶结合形成酶标抗原或酶标抗体，这样不但保留了抗原或抗体的免疫能力，还保持了酶的活性。当用 ELISA 方法测定小麦霉变情况时，我们可将被检测霉变小麦样品（检测其抗原或抗体）和酶标抗原或酶标抗体按照不同步骤与载体表面的抗原或抗体进行反应，然后分离出载体上的抗原或抗体复合物并加入酶反应底物，底物被酶催化后可生成带颜色的产物，被测样品中的霉菌数量直接决定产物的数量。因此，我们可以根据反应产物的颜色和数量对霉变小麦样品进行定性或定量分析。Meena 等创造性地改进了 ELISA 法，他们使用氨蒸气代替传统的薄液相色谱法，准确地检测出了玉米中的霉菌毒素[126]。在食品检测方面，Ekene et al. 采用 ELISA 方法检测并分析了鸡肉中土霉素的两种真菌残留[127]。Jennifer 等对 ELISA 方法进行了优化，实现了对贝类毒素的快速检测[128]。ELISA 法也存在着明显的不足之处：①该方法需要大量的基础仪器（如培养箱、冰箱、酶标仪等），不适合用于现场快速测定；② ELISA 法的主要原理是基于抗原与抗体之间的特殊偶联，一些小分子在具有免疫抗原性之前容易与其他大分子蛋白偶联，这大大影响了测定精度；③由于抗原和抗体的选择单一性，ELISA 法不能同时检测多种真菌。为了更好地识别靶目标的位置并确定其数量，研究者基于 ELISA 法对抗原或抗体进行荧光标记，常用的标记物为异硫氰酸荧光素和四乙基红霉素（RB200），前者的荧光波长范围为 460 nm ～ 619 nm，呈黄绿色；后者的范围为 540 nm ～ 660 nm，呈橙红色。在荧光显微镜下可以观测到，荧光素在受到光照激发时会产生荧光反应，这种荧光标记法称作免疫荧光染色法。通过免疫荧光染色法，抗原或抗体在组织中的位置和分布情况就可以借助荧光物质的位置和数量来确定[129-130]。Zhao et al. 详细比较了高效液相色谱法和量子点免疫荧光法在确定小麦籽粒中的脱氧雪腐镰刀菌方面的检测性能，结果表明，免疫荧光染色法的检测性能更加精确和快捷[131]。该方法的不足之处：①要保证抗体蛋白有一定的浓度，不然会导致荧光太弱而影响观测结果；②经荧光

染色后的标记物时效较短，随着时间的延长，荧光强度会逐渐下降。

本章的主要内容如下：6.2 节介绍了霉变小麦样品的制备及 UWL 信号采集的方法；6.3 节介绍了基于 UWL 信号的小麦霉变分类模型的构建方法；6.4 节介绍了基于 SVM 的分类模型的构建方法；6.5 节对本章内容进行了总结。

6.1　霉变小麦样品制备及 UWL 信号采集

6.1.1　霉变小麦样品制备

小麦籽粒一旦发生霉变后会携带多种霉菌，常见的有黄曲霉菌、白曲霉菌、灰绿曲霉菌、构巢曲霉菌、棕曲霉菌、杂色曲霉菌、土霉菌、烟曲霉菌、黑曲霉菌等，这些霉菌会产生多种具有一定毒性的二级代谢产物，即真菌毒素，其中最具代表性的就是黄曲霉毒素（aflatoxin, AFT）。AFT 是黄曲霉和寄生曲霉的二级代谢产物，特曲霉也能产生黄曲霉毒素，但产量较少。黄曲霉毒素并不是一种结构单一的物质，而是一种结构类似的化合物的总称，其基本结构为二呋喃环和香豆素，且在紫外线的照射下会产生荧光反应。目前在实验室可分离出的黄曲霉毒素有 12 种，它们是 B1、B2、G1、G2、M1、M2、P1、Q、H1、GM、B2a 和毒醇，其中比较常见的是前四种。黄曲霉毒素的相对分子量为 312 ～ 346，难溶于水，但易溶于有机溶剂，化学形态相对稳定，在强酸溶液中可快速分解。在常见的四种黄曲霉毒素当中，霉变小麦中的黄曲霉毒素 B1 最具代表性，其毒性和致癌性也最强。因此，本节在搭建小麦霉变分类模型时，选择以黄曲霉毒素 B1 为靶目标制备相应的霉变小麦样品。

小麦霉变是小麦籽粒表面携带的微生物在适宜的温度和湿度下进行大量繁殖，并逐步分解籽粒中的有机物所引发的一系列劣变过程[132]。在储粮生态系统中，由于粮堆热传导性能较差，粮堆内部一旦产生不正常的温度上升现象就会造成粮堆局部发热，此时小麦籽粒表面携带的微生物开始迅速生长繁殖，并逐步分解籽粒内部的有机物质，致使小麦表皮出现变色、生霉、霉腐等症状，逐步形成霉变现象。因此，外界储藏温度是造成小麦发生霉变的主要外部因素之一。籽粒内部高水分含量值是诱发小麦霉变的又一重要因素。当小麦水分值超过储藏安全水分值（13%）后，干生性霉菌开始活动并促使籽粒胚部坏死、变色；当水分值超过 15% 时，白曲霉菌开始生长繁殖，进一步加速了麦堆水分和温度的上升；当水分值达到 17% 时，黄曲霉菌开始生长繁殖，产生有毒代谢物质，致使胚部发芽能力丧失，小麦籽粒质量降低。此外，微生物活动也是引发小麦霉变的直接因素。小麦籽粒中含有丰富的碳水化合物、蛋白质、脂肪及维生素等营养物质，形成了一种优良的天然培养基。当储存环境满足微生物生长需求时，微生物就会在麦堆中生长、繁殖，甚至产生一些有毒的次级代谢产物，对小麦安全储藏和后续加工食用品质造成严重威胁。小麦中的微生物主要来自种植、收获、干燥、运输及储藏等各个环节。不同种类的微生物按照寄附性质可分为三类：一是促使粮食及粮食制品霉变的霉腐微生物；二是粮食籽粒上的附生微生物；三是造成植物病害的病原微生物。其中，对储粮安全产生直接危害的就是霉腐微生物，在霉腐微生物中霉

菌产生的危害最具代表性。引起小麦霉变的微生物以青霉属、曲霉属和镰孢霉属等真菌为主，这些霉菌在生长代谢过程中，不仅会分解并利用小麦籽粒中的营养成分，还会产生有毒代谢物，有些霉菌产生的真菌毒素甚至具有很强的致癌性，储存小麦一旦携带了这种毒素，即使在后续加工过程中也很难将其彻底去除。

在霉变小麦样品的制备过程中，本节选择对秋乐种麦 168 进行接种。预处理过程可以参阅新陈度小麦样品的制备流程，不同之处在于如何准确地给健康种麦接种黄曲霉菌，配制成携带 30% 黄曲霉菌的霉变小麦样品。具体制备过程如下：首先，将黄曲霉孢子接种在马铃薯葡萄糖琼脂培养基板上，置于温度为 28℃的恒温培养箱培养 6 天，用少量无菌水清洗黄曲霉孢子；然后，用血细胞计数法制备黄曲霉浓度为 10^5 cfu/mL 的孢子悬液；接着，将黄曲霉孢子悬液接种于种麦上，按 5%（质量比）的比例均匀混合后置于 28℃恒温恒湿培养箱（型号为 ZSXD-A1430）中，培养 7 ～ 10 天；最后，霉变种麦培养成功后，按照 3 ∶ 7 的比例将霉变种麦与健康种麦均匀掺混，最终得到携带 30% 黄曲霉菌的霉变小麦样品。图 6-1 给出了电子显微镜下健康种麦和携带 30% 黄曲霉菌种麦的对照图。对于自然霉变小麦样品，我们可将预处理后的 2017 年份库存小麦置于温度为 40℃、湿度为 95% 的生物培养箱培养 10 天，以模拟库存小麦自然霉变过程。图 6-2 给出了电子显微镜下 2017 年份健康库存小麦和自然霉变小麦的对照图。

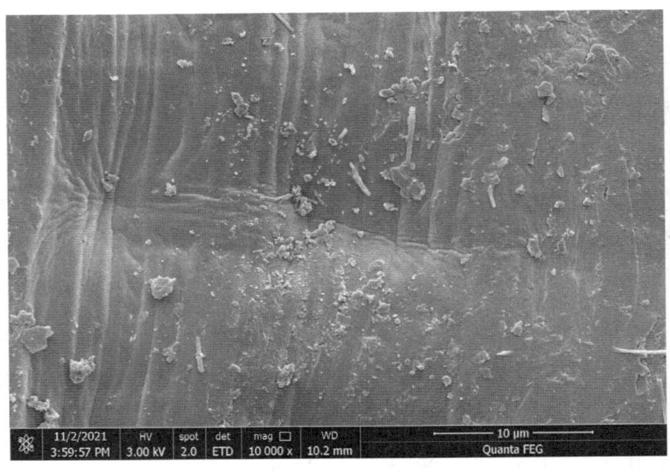

（a）

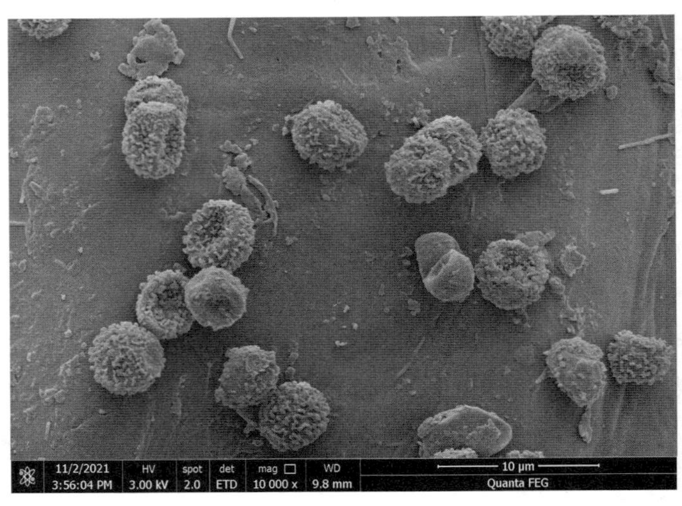

（b）

图 6-1　电子显微镜下健康种麦和携带 30% 黄曲霉菌种麦对照图

（a）健康小麦样品；（b）携带 30% 黄曲霉菌小麦样品

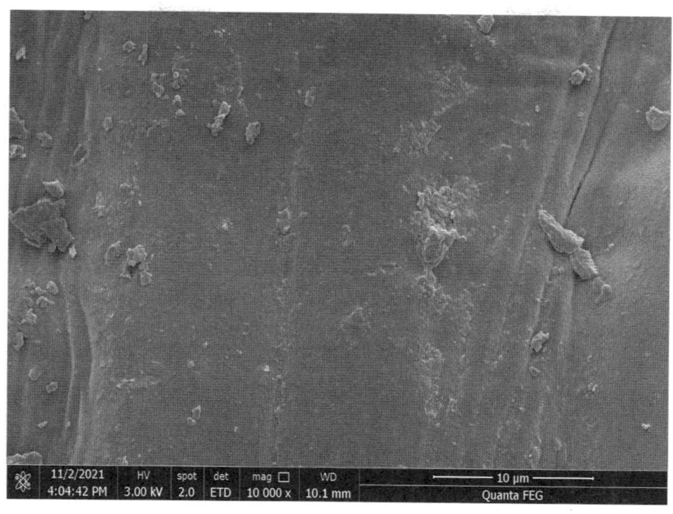

（a）

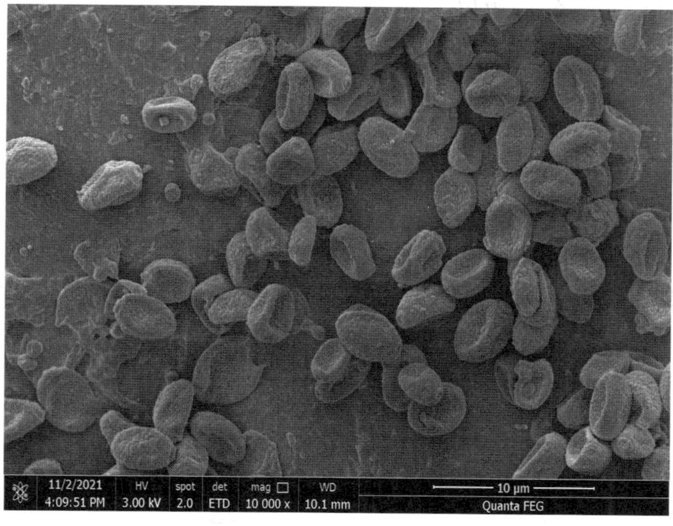

（b）

图 6–2　电子显微镜下 2017 年份库存健康小麦和自然霉变小麦对照图

（a）健康小麦样品；（b）自然霉变小麦样品

6.1.2 样本 UWL 信号采集

对小麦霉变样品 UWL 信号的测量可参考新陈度样品的测量过程，不同之处在于光子仪的预设测量温度略有不同。大多数霉菌最适宜生存和繁殖的温度介于 25℃和 35℃之间，为了在测试过程中既保持霉菌一定的活性又避免其快速繁殖，我们将仪器测试温度设置为（20.0 ± 0.5）℃。霉菌的活性与空气中的湿度存在一定的关联，因此我们在测量的过程中将实验室的湿度设定为（25 ± 6）%，温度设定为（19 ± 1）℃。

对于小麦霉变等级而言，由于目前尚无可参考的有关国家标准或者相应文献，因此与研究小麦新陈度等级不同，本节对小麦霉变只做一些探索性的研究——霉变小麦和健康小麦的二分类研究。为了更好地观察两种小麦样品的 UWL 信号特性，本节将总采样时间延长到 15 000 s，采样间隔设定为 10 s。同样地，在当天完成测量之后，我们需要将所有样品放置于温度设定为 4℃的冰箱中冷藏，以尽量减少环境因素对样品的影响。由于小麦 UWL 信号表现出一定的随机性，因此我们计算了健康小麦和霉变小麦的所有样本数据的平均光子数，并对其做了局部平滑处理，结果如图 6-3 所示。从图 6-3 可以明显看出，两类小麦的前段光子信号（≤ 10 000 s）均表现出较强的延迟发光特性。鉴于此，为了尽量减弱延迟发光特性的影响，本节在后续数据分析过程中直接使用后段光子信号（10 010 ～ 15 000 s）作为有效初始 UWL 信号。表 6-1 给出了两类小麦样品后段光子数据的统计特征，从图 6-3 所示的两类样本的后段数据信号和表 6-1 中的统计量可明显看出，霉变小麦的发光强度远远大于健康小麦。

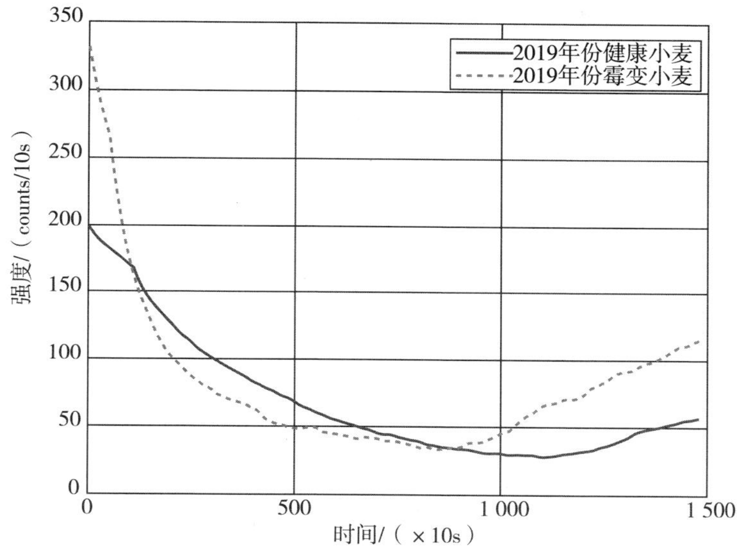

图 6-3　经局部平滑处理后的健康小麦和霉变小麦的平均 UWL 信号辐射数据图

表6-1　两种类型小麦样品的UWL数据特征统计

数据特征	2019 年份健康小麦	2019 年份霉变小麦
均值	38.92	82.24
方差	636.61	1 033.83
标准差	25.23	32.15

6.2 基于UWL信号的小麦霉变分类模型的构建

6.2.1 多尺度近似熵算法

对于构建小麦霉变分类模型而言，由于引起小麦霉变的霉菌种类太过繁多，且目前尚无可参阅的国家或行业标准，因此本节只做一些试探性研究，即二分类（健康和霉变）研究，所依据的原理是健康小麦UWL信号强度明显低于霉变小麦。随着霉变程度的增加，小麦自身的生命活动越来越弱，霉菌等微生物的生命活动越来越强，小麦自身超微弱发光量远低于霉菌超微弱发光量，因此霉变小麦超微弱发光强度会随着霉变程度增加而增强；到霉变后期，霉菌大量繁殖，菌落总数迅速增多，超微弱发光强度显著增强，此时霉变小麦样本UWL信号主要表现为霉菌等微生物的UWL信号。

前期大量实验表明，UWL信号是小麦籽粒生命或生理活动的一种外在表现形式，不同储存年份小麦所产生的UWL信号显示出不同的发光特性。如何对这些复杂的光学信号进行有效分析，充分解析出其内涵信息将是接下来本节讨论的重点。近似熵的提出为描述信号的非线性动力学特性提供了一种新思路，它只需要较少的数据量就能很好地度量信号的复杂性和规律性。经研究发现，和健康小麦籽粒相比，霉变小麦由于霉菌的侵染所辐射出的UWL信号往往要比健康小麦UWL信号更强一些。下面将详细研究近似熵与小麦籽粒状态（健康和霉变）之间的关系，并利用多尺度近似熵值作为一种衡量指标并结合波形率、歪度及峭度

构建特征向量，然后输入 LIBSVM 网络中进行训练和测试，最终实现利用小麦 UWL 信号来判定其健康状态的目的。

本节按照第 2 章中的方法分别测量 86 份健康小麦（秋乐种麦）和 86 份携带黄曲霉菌（30% 黄曲霉毒素 B1）小麦的 UWL 信号数据，以及 86 份 2017 年份健康库存小麦和 86 份该年份下经过自然霉变后小麦的 UWL 信号数据，并对所有采集到的数据进行如下预处理操作：首先，为了尽可能减小外界环境对光子信号的影响，本节选取所有观测小麦 UWL 信号的后段 500 点作为最终样本 UWL 信号数据（见图 6-4）；然后计算每份小麦样本数据的均值、方差及能量构成等能够表示每种类别的常规统计量，其中信号能量E可按照式（6-1）求得，即

$$E = \sum_{i=1}^{N} \left| x(i) \right|^2 \tag{6-1}$$

式中，N为样本信号长度，$N = 500$；$x(i)$为小麦样本在每个观测时间点采集到的光子数量。

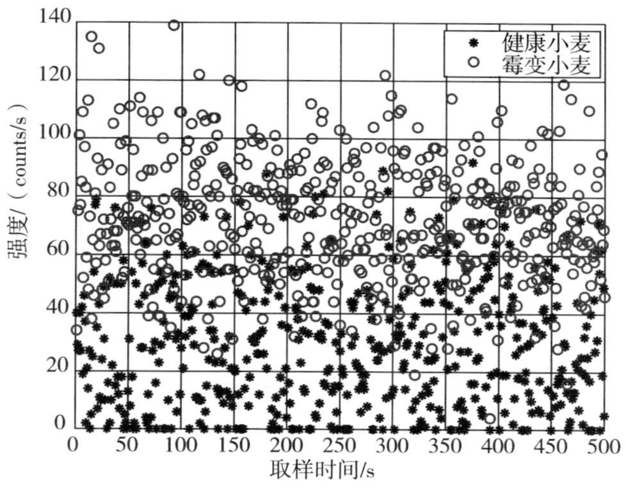

（a）

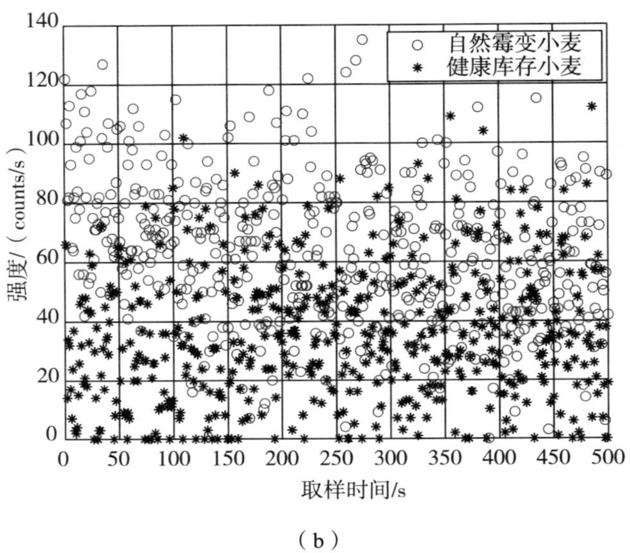

（b）

图 6-4　健康小麦和霉变小麦的 UWL 信号对照图

（a）健康秋乐种麦和携带 30% 黄曲霉毒素 B1 的秋乐种麦；（b）库存 2017 年份小麦和经过自然霉变后的小麦

此外，为了更好地表示健康小麦和霉变小麦 UWL 信号的复杂度，本节引入了熵的概念。许多研究证明，K-S 熵具有良好的性能，能够判断系统的运动状态和信息量增长的快慢程度[133-134]。然而，K-S 熵很难用于分析实际生物信号，这是因为生物信号对环境都比较敏感，实际采集生物信号的过程会携带仪器背景噪声，而 K-S 熵算法本身对噪声太过敏感，即使很弱的噪声也会使 K 值变得无穷大，进而无法对实际系统状态做出准确判定。从 K-S 熵的计算过程可以看出，K-S 熵对初始数据长度有着严格的要求，即初始时序列必须足够长才能达到预期精度，然而实际生

物信号采集过程受实验环境和设备所限，很难采集到长时间的生物样本信号，从而导致计算出的 K 值误差较大甚至无法算出。为了有效克服上述 K-S 熵的缺点，更好地处理短时间生物数据信号，Pincus 于 1991 年提出了一种近似于 K-S 熵的算法——近似熵（approximate entropy, ApEn）算法[135]。ApEn 算法基于统计学角度，借助其对相空间中的向量维度进行重构时，依然能够保持相似的条件概率来对时间序列的复杂度进行度量。ApEn 算法具有较强的处理短时间信号和抗噪声能力，非常适合处理一些由随机成分和确定性成分所形成的混合信号。就霉变小麦 UWL 信号而言，受霉菌侵染的小麦籽粒的生物发光信号表现为霉菌 UWL 信号和小麦自身 UWL 信号的叠加。同时受实验环境和小麦样本的限制，采集到的 UWL 信号长度也比较有限，因此从理论上来说，ApEn 算法非常适合对健康小麦籽粒和霉变小麦籽粒的 UWL 信号进行分析和度量，为后续构建小麦霉变二分类模型提供重要的特征参数。整个 ApEn 算法的计算步骤如下：

（1）将初始时间序列 $X=\{x(i)|i=1,2,\cdots,N\}$ 划分成 $m(m\leqslant N)$维的子矢量$u(i)$，可用下式来表示：

$$u(i)=\{x(i),x(i+1),\cdots,x(i+m-1)\},i=1,2,\cdots,N-m+1 \quad (6\text{-}2)$$

式中：N为初始序列的长度。

（2）按照式（6-3）计算矢量$u(i)$和$u(j)$之间的距离$d[u(i),u(j)]$，即

$$d[u(i),u(j)]=\max_{k=0,1,\cdots,m-1}|x(i+k)-x(j+k)| \quad (6\text{-}3)$$

（3）统计$d[u(i),u(j)]<r$的矢量数目N_d（r为预先设定好的正实数阈值），随后计算所有$d[u(i),u(j)]<r$在总体子矢量

中所占的比例，并标记为$C_i^m(r)$，即

$$C_i^m(r)=N_d/(N-m+1) \tag{6-4}$$

（4）对$C_i^m(r)$取对数并计算算术平均值后可得$H^m(r)$，即

$$H^m(r)=\frac{1}{N-m+1}\sum_{i=1}^{N-m+1}\ln C_i^m(r) \tag{6-5}$$

（5）将相空间的维数从m增加到$(m+1)$维，重复步骤（2）～（4），计算得出$H^{m+1}(r)$。

（6）初始时间序列X的近似熵可表示为

$$\text{ApEn}(m,r)=\lim_{N\to\infty}[H^m(r)-H^{(m+1)}(r)] \tag{6-6}$$

（7）当初始时间序列X的长度N为有限值时，式（6-6）可重新表示为

$$\text{ApEn}(m,r,N)=H^m(r)-H^{(m+1)}(r) \tag{6-7}$$

ApEn 算法的整个计算过程和 K-S 熵非常相似，不同之处在于 ApEn 算法省略了 K-S 熵中的极限运算，变得非常适合处理和分析短时间序列。ApEn 算法的优点在于它对初始时间序列的长度要求较低，非常适合处理小样本数据，样本数量只需大于 50，就可得到比较准确的结果，实时性较好。ApEn 算法具有优良的抗噪声性能，如果初始数据中含有噪声，我们可将初始信号的 ApEn 值与噪声自身的 ApEn 值进行比较，以确定初始信号中真实信息的表达程度。近似熵表示当时间序列的维数发生变化时，新模式产生的概率的大小。如果产生新模式的概率越大，说明该序列越复杂，相应的 ApEn 值也就越大，反之亦然。

虽然近似熵在处理短时间序列过程中展现出了优良的抗噪声性能，但是整个计算过程太过耗时，很难满足小麦

品质实时检测的需求。洪波等发现，在整个 ApEn 计算过程中存在许多冗余计算，导致整个算法计算速度缓慢、效率低下[136]。为了进一步提高近似熵的计算效率，他们在近似熵定义的基础上引入了二值距离阵的概念，提出了快速近似熵算法。实验证明，与 ApEn 算法相比，快速 ApEn 算法可在同等条件下，将计算时间缩短至五分之一左右。快速 ApEn 算法的计算步骤如下：

（1）计算初始时间序列$X=\{x(i)\,|\,i=1,2,\cdots,N\}$的二值距离方阵$D(N\times N)$，用$d_{ij}$表示方阵$D$中第$i$行、第$j$列的元素，计算$d_{ij}$的方法可表示为

$$d_{ij}=\begin{cases}1, & |x(i)-x(j)|<r,\\ 0, & |x(i)-x(j)|\geqslant r\end{cases}\quad i=1,2,\cdots,N;j=1,2,\cdots,N;i\neq j \tag{6-8}$$

（2）当相空间的维数$m=2$时，根据式（6-9）和式（6-10）能够很容易计算出$C_i^2(r)$和$C_i^3(r)$的值，即

$$C_i^2(r)=\sum_{j=1}^{N-1}d_{ij}\cap d_{(i+1)(j+1)} \tag{6-9}$$

$$C_i^3(r)=\sum_{j=1}^{N-2}d_{ij}\cap d_{(i+1)(j+1)}\cap d_{(i+2)(j+2)} \tag{6-10}$$

（3）根据步骤（2）计算出的$C_i^2(r)$和$C_i^3(r)$值，按照式（6-5）直接求出$H^2(r)$和$H^3(r)$。

（4）按照式（6-7）计算出初始时间序列X的 ApEn 值。

从近似熵的定义来看，近似熵求得的只是$H^{m+1}(r)$与$H^m(r)$的单步差异，在充分考虑时间序列以往历史信息的基础上，反映了下一个新关键点的不确定性，因此并未考虑多尺度上与结构相关的一些特征。鉴于此，本节在近似熵的基础上引入了多尺度概念，构建多尺度近似熵算法

(multiscale approximate entropy, MApEn), 具体计算步骤如下[137]。

（1）假设初始时间序列$X=\{x(i)\mid i=1,2,\cdots,N\}$，其长度为$N$。

（2）构造一个粗粒化时间序列$\{z^{(\tau)}\}$，其中τ表示尺度因子，则初始时间序列X经粗粒化后可表示为

$$z^{\tau}(j)=\frac{1}{\tau}\sum_{i=(j-1)\tau+1}^{j\tau}x(i)\quad(1\leqslant j\leqslant\tau)\tag{6-11}$$

从式（6-11）可看出，当尺度因子$\tau=1$时，$\{z^{(\tau)}\}$即为初始时间序列。换言之，粗粒化序列可以看作将初始时间序列进行均匀划分，每个分割长度为τ。通过将多尺度和近似熵有效结合，MApEn 算法能够更有效地表示初始时间序列中的非线性信息。图 6-5 给出了 MApEn 算法的具体流程。

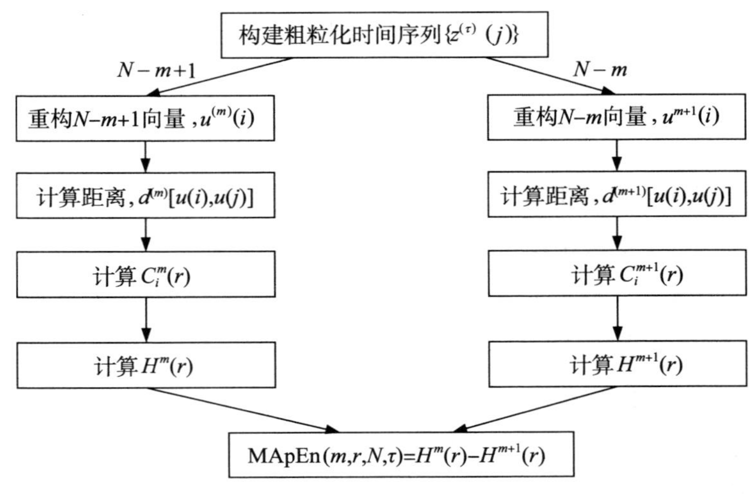

图 6-5 MApEn 算法的流程

6.2.2 MApEn 参数选取及样本特征提取

从前面对 MApEn 的计算过程来看，MApEn 算法需要重点考虑四个参数的最优选择，分别是数据长度N、嵌入维数m、阈值r和尺度因子τ。

我们首先确定初始序列的长度N的大小。我们采用光子分析仪分别对霉变和健康小麦的 UWL 信号测量 15 000 s，采样间隔为 10 s。从图 6-3 可以看出，两种小麦的光子信号在前段时间（10 000 s 内）表现出规律性较强的延迟发光特性。鉴于此，为了获得两种小麦更加准确的 UWL 信号数据，我们在后续的数据分析过程中直接使用后段部分（10 010 ～ 15 000 s）的光子信号，将两种状态下小麦的初始时间序列长度都设定为$N=500$。

然后，我们探讨嵌入维数m的取值对 ApEn 值的影响。为了详细研究不同嵌入维数m与 ApEn 值之间的关系，图 6-6 分别给出了不同嵌入维数m下健康小麦（秋乐种麦）和霉变小麦（携带 30% 黄曲霉毒素 B1 的秋乐种麦）UWL 信号的 ApEn 值。从图 6-6 中可明显看出，不同嵌入维数m对两种状态下小麦 UWL 信号的 ApEn 影响较小。当嵌入维数m逐渐增大时，相应的计算时间也会逐步增加，为了提高算法的效率，本节最终将嵌入维数设定为$m=2$。

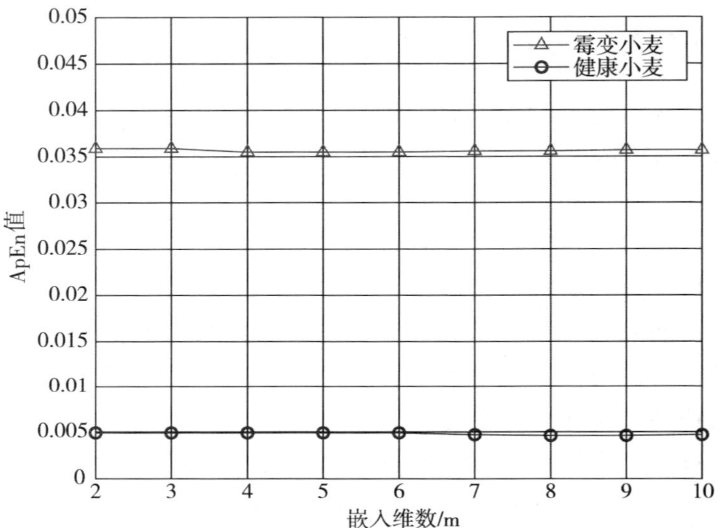

图 6-6　健康小麦和霉变小麦 UWL 信号在不同嵌入维数下的近似熵值

接着，我们对阈值r进行选取。Pincus 在提出近似熵后曾指出，当嵌入维度$m=2$，阈值$r=0.1\times \mathrm{SD}_x \sim 0.25\times \mathrm{SD}_x$时，$\mathrm{ApEn}(m,r,N)$值对初始数据长度$N$的依赖性最小，其中$\mathrm{SD}_x$为初始时间序列$X=\{x(i)|i=1,2,\cdots,N\}$的标准差，此时式（6-7）可表示为

$$\mathrm{ApEn}(m,r,N)=\mathrm{ApEn}(2,r,N)\approx \mathrm{ApEn}(2,r) \tag{6-12}$$

因此，在接下来的计算过程中，当嵌入维度$m=2$，N为有限数值时，$\mathrm{ApEn}(m,r,N)$可表示为

$$\begin{aligned}\mathrm{ApEn}(2,r,N)&=-[H^{(m+1)}-H^{m}]\\&=\left[\frac{1}{N-m}\sum_{i=1}^{N-m}\ln C_i^{m+1}(r)-\frac{1}{N-m+1}\sum_{i=1}^{N-m+1}\ln C_i^{m}(r)\right]\\&=\left[\frac{1}{N-m+1}\sum_{i=1}^{N-m}\ln\frac{C_i^{m+1}(r)}{C_i^{m}(r)}\right]\end{aligned} \tag{6-13}$$

为了详细研究两类小麦 UWL 信号在不同阈值r下与 ApEn 值之间的关系，图 6-7 分别给出了在不同阈值r下霉变小麦和健康小麦 UWL 信号的 ApEn 值。由于阈值r是通过预先设定好的一个小正数值（0.1 ～ 0.25）与初始序列的标准差相乘得到的，因此得出的阈值r一般较小。为了保证 ApEn 值的非负性，经过多次实验仿真后，我们分别将霉变小麦和健康小麦 UWL 信号的 ApEn 门限值设定为 1.76×10^{-4} 和 1.69×10^{-5}，对应的 ApEn 值一旦超出设定的门限，其值将默认为 0。从图 6-7 可看出，不同阈值r对两种状态下小麦 UWL 信号的 ApEn 影响较大。当阈值r逐渐增大时，两种状态下小麦 UWL 信号的 ApEn 值都呈逐步下降的趋势，当阈值$r\geqslant0.17\times SD_x$时，霉变小麦和健康小麦 UWL 信号的 ApEn 值都趋向于零。在经过综合考量之后，本节将阈值设定为$r=0.12\times SD_x$。

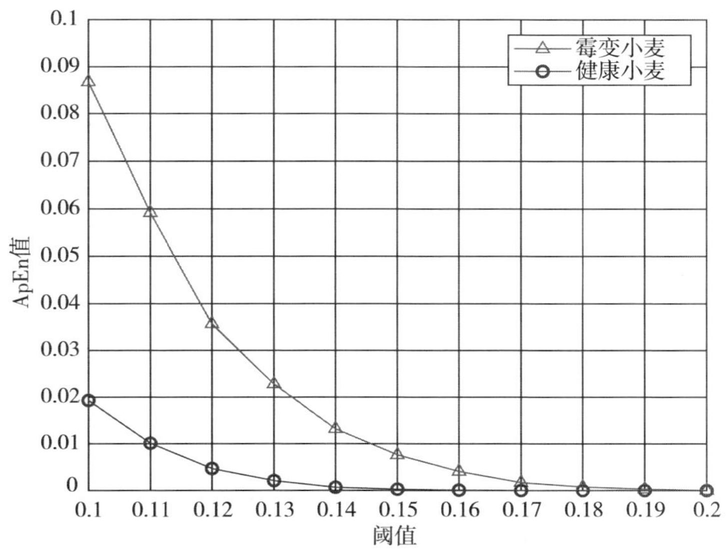

图 6-7　健康小麦和霉变小麦 UWL 信号在不同阈值下的近似熵值

最后，我们探讨尺度因子τ的取值对MApEn值的影响。图6-8给出了健康小麦和霉变小麦UWL信号在不同尺度因子下的ApEn值。由图6-8可知，随着尺度因子τ的增大，两类小麦UWL信号的ApEn值差别愈加明显。其中，在$\tau=7$时两类信号的ApEn值差别最大。考虑到后面使用支持向量机对健康小麦和霉变小麦进行二分类建模，为了尽量扩大两类样本间的距离，本节最终选取尺度因子$\tau=7$时的ApEn值作为特征向量中的一个有效特征属性。

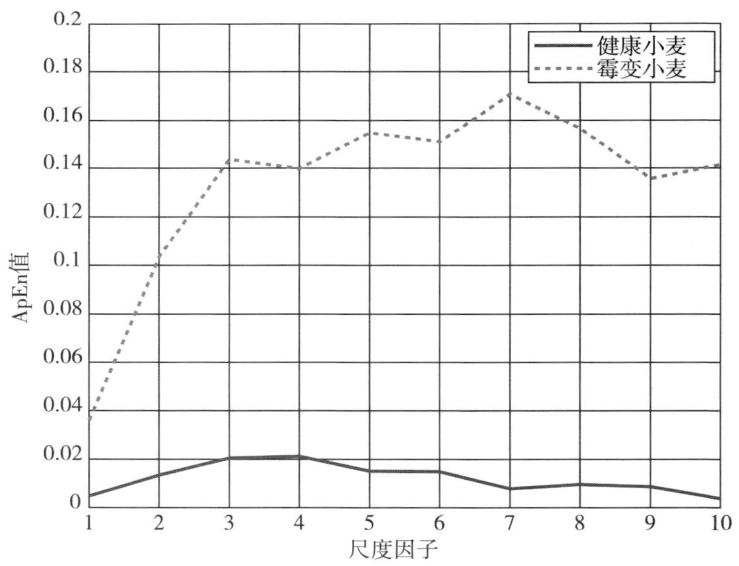

图6-8 健康小麦和霉变小麦UWL信号在不同尺度因子下的MApEn值

MApEn计算出的是初始时间序列在不同尺度因子τ下的近似熵值，充分反映了初始时间序列在不同尺度因子下的复杂性、自相关性及尺度变化时产生新模式的能力大小，

它通过对比不同尺度因子下的近似熵值来达到区分不同状态下小麦 UWL 信号的目的，为构建小麦霉变分类模型提供关键特征。

6.3　基于 SVM 的分类模型构建

6.3.1　SVM 算法

为了解决健康小麦与霉变小麦之间的二分类问题，本节引入了广义线性分类器——支持向量机（support vector machine, SVM）来构建最终的分类模型。SVM 是由 Cortes 和 Vapnik 提出的一种基于决策边界的线性分类器[138]。到目前为止，SVM 在其理论研究和应用方面均取得了突破性的进展，成为一种非常重要的数据挖掘技术。人们习惯上把解决分类问题的 SVM 模型称为支持向量分类（support vector classification, SVC）或支持向量分类机。SVC 可自动找寻那些对分类结果有较好区分能力的支持向量、最大化两类样本间隔，具备较高的分类准确率和推广性能，特别是在解决机器学习中小样本问题时表现出特定优势。

下面将重点介绍利用 SVC 解决指定数据集 $T=\{(\boldsymbol{x}_1,y_1),(\boldsymbol{x}_2,y_2),\cdots,(\boldsymbol{x}_m,y_m)\}\in(X\times Y)^m$ 的分类问题。数据集 T 中，m 表示训练样本的数量；$x_1,x_2,\cdots,x_m\in X=\Re^n$ 为输入特征向量，也称为模式，n 为特征向量维数，$\Re^n$ 称为实数空间；$y_1,y_2,\cdots,y_m\in Y=\{-1,1\}$ 为输出标量，“-1”指代霉变小麦，“1”代表健康小麦；由以上 m 个样本点组成的

集合T称为训练集，其中的样本点称为训练点。SVC的核心思想就是最大化两类训练样本的“间隔”，然后求出分界超平面的法向量$\boldsymbol{w}$和另一参数b。图6-9给出了两类线性可分数据的SVC示意图。

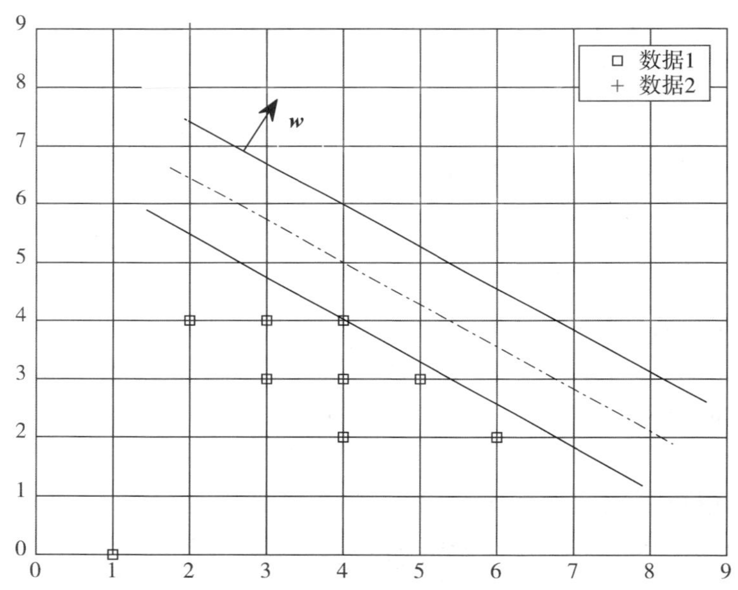

图6-9　SVC线性可分的分类示意

从图6-9可看出，将两类样本点完全分开的超平面有无穷多个，但是选出的最佳分界超平面应对样本数据扰动或者噪声干扰具有较强的鲁棒性。鉴于此，SVC采取了最大化两类间距的措施，即先确定分类超平面的法向量$\boldsymbol{w}$，然后在法向量的方向上平移分类超平面使之达到两类数据的边界点，然后确定截距参数b，位于两个数据边界超平面之间的中间平面就是最终分类超平面。

我们可以把图 6-9 中的两条边界（图中的两条实线）直接规范化为$\boldsymbol{w}\cdot\boldsymbol{x}+b=1$和$\boldsymbol{w}\cdot\boldsymbol{x}+b=-1$。此时两条边界直线的距离或“间隔”为$2/\|\boldsymbol{w}\|$，最优分类超平面（图中的虚线）到边界超平面的距离为$1/\|\boldsymbol{w}\|$，其中$\|\cdot\|$表示求 2 范数。为了便于求解，我们可将目标函数改为求取的$\frac{1}{2}\|\boldsymbol{w}\|^2$最小值，加系数 1/2 是为了便于后续导数运算，且不会影响最终结果。线性可分的 SVC 模型如下：

$$\begin{cases}\min\limits_{\boldsymbol{w}}\dfrac{1}{2}\|\boldsymbol{w}\|^2\\ \text{s.t. }\ y_i(\boldsymbol{w}^{\mathrm{T}}\boldsymbol{x}_i+b)-1\geqslant 0\end{cases}\tag{6-14}$$

式中，$i=1,2,\cdots,m$。从式（6-14）可看出，SVC 模型是一个凸二次优化问题。在进一步求解时，引入拉格朗日乘子后可得：

$$L(\boldsymbol{w},b,\boldsymbol{\lambda})=\frac{1}{2}\|\boldsymbol{w}\|^2+\sum_{i=1}^{m}\lambda_i[1-y_i(\boldsymbol{w}^{\mathrm{T}}\boldsymbol{x}_i+b)]\tag{6-15}$$

式中，λ_i为拉格朗日乘子，$(\cdot)^T$表示矩阵转置。此时式（6-14）所代表的原问题可变为

$$\begin{cases}\min\limits_{\boldsymbol{w},b}\{\max\limits_{\boldsymbol{\lambda}}(L(\boldsymbol{w},b,\boldsymbol{\lambda}))\}\\ \text{s.t. }\lambda_i\geqslant 0\end{cases}\tag{6-16}$$

式中，$i=1,2,\cdots,m$。式（6-14）～式（6-16）使原来带约束条件的目标函数求解问题变成无约束目标函数求解问题。从式（6-14）还能看出，原问题为一凸函数，且约束条件为线性约束，因此对该模型的求解可通过沃尔夫对偶问题来求解 [139]，即

$$\min_{\boldsymbol{w},b}\{\max_{\boldsymbol{\lambda}}(L(\boldsymbol{w},b,\boldsymbol{\lambda}))\}=\max_{\boldsymbol{\lambda}}\{\min_{\boldsymbol{w},b}(L(\boldsymbol{w},b,\boldsymbol{\lambda}))\}\tag{6-17}$$

此时式（6-16）可转化为

$$\begin{cases}\max\limits_{\lambda}\{\min\limits_{\boldsymbol{w},b}(L(\boldsymbol{w},b,\boldsymbol{\lambda}))\} \\ \text{s.t.} \quad \lambda_i \geqslant 0\end{cases} \tag{6-18}$$

为了求取式（6-18）中$L(\boldsymbol{w},b,\boldsymbol{\lambda})$的最小值，我们分别对$\boldsymbol{w}$和$b$求偏导后并令两者都等于 0，经化简并代入式（6-18）后最终可得：

$$\begin{cases}\max W(\boldsymbol{\lambda}) = [\sum_{i=1}^{m}\lambda_i - \frac{1}{2}\sum_{i=1}^{m}\sum_{j=1}^{m}\lambda_i\lambda_j y_i y_j(\boldsymbol{x}_i^{\mathrm{T}} \cdot \boldsymbol{x}_j)] \\ \text{s.t.} \quad \lambda_i \geqslant 0, \sum_{i=1}^{m}\lambda_i y_i = 0\end{cases} \tag{6-19}$$

式中，$i=1,2,\cdots,m$，$j=1,2,\cdots,m$。从式（6-19）可看出，经过沃尔夫对偶处理后，样本在目标函数中仅以向量内积形式出现，这样极大地提高了 SVC 的泛化能力。因此，在对实际样本进行分类时，我们一般都从求其对偶问题的解开始，然后利用对偶问题和原始问题之间的关系求出原问题最优解，并得到最终分类函数，具体求解步骤如下：

（1）构造并求出式（6-19）表示的最优化问题，得到最优解$\boldsymbol{\lambda}^* = (\lambda_1^*, \lambda_2^*, \cdots, \lambda_m^*)^{\mathrm{T}}$，且假定$\lambda_i^*$不全为 0。

（2）最优分类超平面的法向量可表示为

$$\boldsymbol{w}^* = \sum_{i=1}^{m} y_i \lambda_i^* \boldsymbol{x}_i \tag{6-20}$$

超平面的截距可表示为

$$b^* = y_i - \sum_{i=1}^{m} y_i \lambda_i^* (\boldsymbol{x}_i^{\mathrm{T}} \cdot \boldsymbol{x}_j), j \in \{j \mid \lambda_j^* > 0\} \tag{6-21}$$

（3）构建最优分类超平面线性方程：

$$\boldsymbol{w}^* \cdot \boldsymbol{x} + b^* = 0 \tag{6-22}$$

由式（6-22）求得最终的决策函数：

$$f(x)=\mathrm{sgn}(\boldsymbol{w}^{*}\cdot\boldsymbol{x}+b^{*}) \tag{6-23}$$

式中，$\mathrm{sgn}(x)$为符号函数，即当$x>0$时，$\mathrm{sgn}(x)=1$；$x<0$时，$\mathrm{sgn}(x)=-1$；$x=0$时，$\mathrm{sgn}(x)=0$。

从上述计算分类超平面的过程可看出，最优解$\boldsymbol{\lambda}^{*}$中的每一个分量λ_i^{*}都与一个训练样本点$(\boldsymbol{x}_i,y_i)$一一对应，使$\boldsymbol{\lambda}^{*}$不等于零的训练样本输入$\boldsymbol{x}_i$就是 SVC 算法中的支持向量，只有支持向量才能对最终分类超平面的法向量$\boldsymbol{w}$有影响；而b^{*}不仅与支持向量有关，还与对应的输出有关。换言之，最终求得的最优分类超平面的法向量仅由支持向量所决定，而与其他非支持向量无关。

然而，在实际应用过程中，由于噪声和测量误差的影响，所得到的样本数据并不一定都是线性可分的，即很难找出一个分类超平面可将两类样本数据完全分开。鉴于此，我们需要将 SVC 进行适当变形以解决线性不可分情况，一般有以下两种处理方式。

第一种处理方式是由 Cortes 和 Vapnik 提出的软间隔最优超平面分类法 [138]，即在原来的目标函数中引入惩罚参数C和非负松弛变量$\boldsymbol{\xi}=(\xi_1,\xi_2,\cdots,\xi_m)$，其中$\xi_i$表示对经验误差的度量。这时由式（6-14）表示的原问题可转化为

$$\begin{cases}\min\limits_{\boldsymbol{w},b,\xi}\dfrac{1}{2}\|\boldsymbol{w}\|^{2}+C(\sum\limits_{i=1}^{m}\xi_i)\\ \text{s.t. } y_i(\boldsymbol{w}^{\mathrm{T}}\boldsymbol{x}_i+b)+\xi_i\geqslant 1,\ \xi_i\geqslant 0,i=1,2,\cdots,m\end{cases} \tag{6-24}$$

这种处理方式适用于排除个别不可分样本点后即可转化为线性可分的情形，也称近似线性可分问题。从式（6-24）可看出，调节惩罚参数C的取值大小可直接控制经验误

差出现的多少，C取值变大表示分类模型重视经验误差，反之则表示重视决策函数的推广能力。对式（6-24）的求解过程和原问题（6-14）的求解过程类似，一般转化成求其对偶问题，即

$$\begin{cases} \max W(\boldsymbol{\lambda}) = \sum_{i=1}^{m} \lambda_i - \frac{1}{2} \sum_{i=1}^{m} \sum_{j=1}^{m} \lambda_i \lambda_j y_i y_j (\boldsymbol{x}_i^{\mathrm{T}} \cdot \boldsymbol{x}_j) \\ \text{s.t. } C \geqslant \lambda_i \geqslant 0, \sum_{i=1}^{m} \lambda_i y_i = 0 \end{cases} \tag{6-25}$$

从式（6-25）可看出，当惩罚参数C的取值趋向于正无穷时，非线性可分问题（6-23）就转化为线性可分问题。

第二种处理方式是通过引入特定的核函数$K(\boldsymbol{x}, \boldsymbol{y})$，通过某种非线性转换$\phi(\boldsymbol{x})$，将原来的实数空间$\Re^n$映射到另外一个特征空间$H$，而在转换后的特征空间$H$中，我们可以重新构造出新的最优分类超平面，此时关于原问题的对偶问题可表示为

$$\begin{cases} \max W(\boldsymbol{\lambda}) = \sum_{i=1}^{m} \lambda_i - \frac{1}{2} \sum_{i=1}^{m} \sum_{j=1}^{m} \lambda_i \lambda_j y_i y_j K(\boldsymbol{x}_i \cdot \boldsymbol{x}_j) \\ \text{s.t. } C \geqslant \lambda_i \geqslant 0, \ \sum_{i=1}^{m} \lambda_i y_i = 0 \end{cases} \tag{6-26}$$

式中，$K(\boldsymbol{x}_i \cdot \boldsymbol{x}_j) = \phi(\boldsymbol{x}_i)^{\mathrm{T}} \phi(\boldsymbol{x}_j)$为预先设定的核函数。选择好特定的核函数$K(\boldsymbol{x}, \boldsymbol{y})$后，我们就可构造出式（6-26）所表示的问题，进而得到决策函数：

$$f(x) = \operatorname{sgn}\left(\sum_{i=1}^{m} \lambda_i^* y_i K(\boldsymbol{x}_i, \boldsymbol{x}_j) + b^*\right) \tag{6-27}$$

从整个决策函数的计算过程来看，通过引入核函数$K(\boldsymbol{x}, \boldsymbol{y})$，我们不需要了解非线性变换$\phi(\boldsymbol{x})$的内部过程，以

及变换后特征空间H的结构，从而极大地提高了 SVC 的计算效率。在实际应用过程中常用的核函数主要包括：多项式核函数、Sigmoid 核函数、高斯径向基核函数、B 样条核函数等 [140]。本节选用第二种处理方式，并指定高斯径向基核函数作为指定核函数。

接下来本节将按照上述步骤，开始构建基于 SVC 的健康小麦和霉变小麦二分类模型。

由于健康小麦和霉变小麦样品 UWL 信号的测量过程会不可避免地受到仪器产生的热噪声和环境中其他因素的干扰，为了提高小麦分类模型的泛化和抗噪声性能，本节使用带有核函数的非线性分类机算法（也称为标准支持向量分类机算法）。具体计算步骤如下：

（1）选择适当的分类特征向量构成训练集$T=\{(\boldsymbol{x}_1,y_1),(\boldsymbol{x}_2,y_2),\cdots,(\boldsymbol{x}_m,y_m)\}\in(X\times Y)^m$，其中$m$表示训练样本的数量，$x_1,x_2,\cdots,x_m\in X=\Re^n$为输入指标向量，$n$为向量维数，$\Re^n$为实数空间；$y_1,y_2,\cdots,y_m\in Y=\{-1,1\}$为相应的输出结果标量。

（2）选择适当的核函数$K(\boldsymbol{x},\boldsymbol{y})$并设定恰当的惩罚参数$C$，构造出式（6-25）的最优化问题并求出其解$\boldsymbol{\lambda}^*=(\lambda_1^*,\lambda_2^*,\cdots,\lambda_m^*)^{\mathrm{T}}$。

（3）根据式（6-19）计算出分类超平面的法向量$\boldsymbol{w}^*$，此时若存在$\boldsymbol{\lambda}^*$分量$\lambda_i^*\in(0,C)$，则可随意选取$\boldsymbol{\lambda}^*$的一个小于惩罚参数C的正分量，可利用式（6-28）求出唯一超平面的截距b^*：

$$b^*=y_i-\sum_{j=1}^{m}\lambda_j K(\boldsymbol{x}_i^{\mathrm{T}}\cdot\boldsymbol{x}_j) \tag{6-28}$$

（4）若不存在$\boldsymbol{\lambda}^*$的分量$\lambda_i^* \in (0,C)$，则超平面的截距b^*不一定唯一，此时利用式（6-29）和式（6-30）分别计算出b的下界ε_1和上界ε_2：

$$\varepsilon_1 = \max\{-1-\boldsymbol{w}\cdot\boldsymbol{x}_i \mid y_i=-1,\lambda_i=C;1-\boldsymbol{w}\cdot\boldsymbol{x}_i \mid y_i=1,\lambda_i=0\} \tag{6-29}$$

$$\varepsilon_2 = \min\{-1-\boldsymbol{w}\cdot\boldsymbol{x}_i \mid y_i=1,\lambda_i=C;1-\boldsymbol{w}\cdot\boldsymbol{x}_i \mid y_i=-1,\lambda_i=0\} \tag{6-30}$$

（5）选择由ε_1和ε_2构成的闭区域中任意值作为$b^* \in [\varepsilon_1,\varepsilon_2]$，得到式（6-26）中的最终分类决策函数$f(x)$。

（6）利用测试集数据对已建立的分类模型进行验证。

6.3.2 分类模型构建

以秋乐健康种麦和携带 30% 黄曲霉毒素 B1 的霉变种麦为例，我们从每类样本中各取 80% 用于模型训练，剩余的 20% 作为测试样本，用于对已训练好的模型进行分类性能测试。此外，为了提升模型的分类性能及节约计算开销，本节使用小麦样本初始 UWL 信号的均值、方差、能量和 ApEn 值（$\tau=1$和$\tau=7$）构建特征输入向量。为了消除特征向量中前三个特征属性不同量纲的影响和加快训练模型的收敛速度，本节对其采取了零均值化和归一化操作。图 6-10 给出了经过零均值化和归一化后各个分类特征的平均值。从图 6-10（a）可看出，除 ApEn 值外，其他分类特征都有比较明显的差别，这也充分印证了图 6-10 所得到的结论：在尺度因子$\tau=1$时，健康小麦和霉变小麦 UWL 信号的 ApEn 值区别不太明显。因此，本节根据图 6-8 选择尺度因子$\tau=7$下的 ApEn 值作为一种最终特征属性［见图 6-10（b）］。

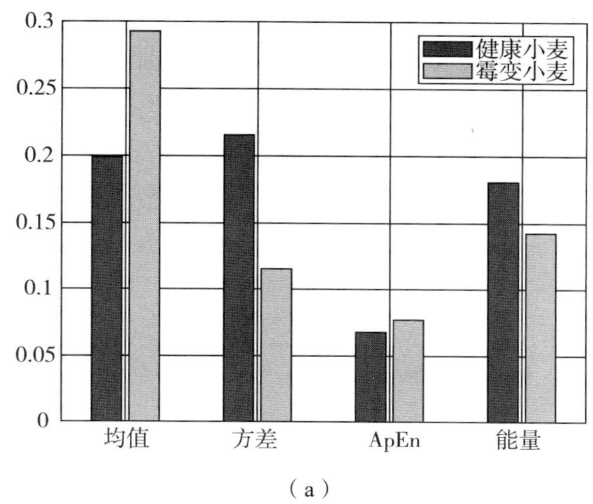

（a）

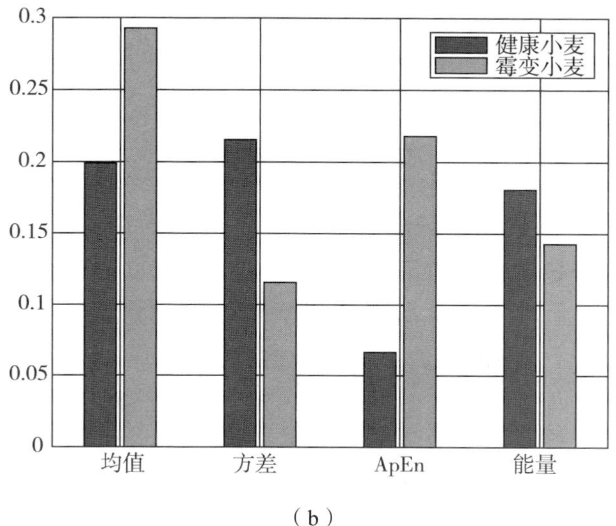

（b）

图 6–10　经过零均值化和归一化后各个分类特征的平均值

（a）尺度因子 $\tau=1$；（b）尺度因子 $\tau=7$

在提取了所有分类特征并经过归一化预处理之后，我们将特征向量输入 SVC 分类模型中进行训练和测试。本节借用台湾大学林智教授开发的 LIBSVM 构建最终的二分类模型。LIBSVM 最显著的优点就是无须对 SVM 中的超参进行人工设定。整个系统不仅提供了许多默认超参，利用这些超参基本上就能很好地解决大多数分类或回归问题，还提供了交互检验的功能。LIBSVM 主要参数值设置如下：

（1）使用 LIBSVM 中的多分类功能。

（2）设置核函数类型为径向基函数（radial basis function, RBF），用公式可表示为

$$k(\boldsymbol{x}_1,\boldsymbol{x}_2)=\exp(-\gamma\|\boldsymbol{x}_1-\boldsymbol{x}_2\|^2) \tag{6-31}$$

式中，$(\boldsymbol{x}_1,\boldsymbol{x}_2)$ 为 N 个数据样本中每个样本点 $x_i=([x_i]_1,[x_i]_2)\in\Re^2,\ 1\leqslant i\leqslant N$ 的初始坐标，γ 取值为特征个数的倒数。

（3）损失函数误差设定为 0.1。

（4）终止迭代门限值设定为 0.001。

图 6-11 给出了秋乐种麦和携带 30% 黄曲霉毒素 B1 种麦的均值、方差、能量及 MApEn 值中任意两组合特征散点。从图上可看出，所有的特征组合很难将两类数据有效分离，除了 MApEn 值，其他分类特征之间的差异性并不是太大。我们将前面构造的特征向量输入 LIBSVM 中进行模型训练和测试，在训练集上的准确率为 88.57%，测试集上的识别正确率为 85.71%。

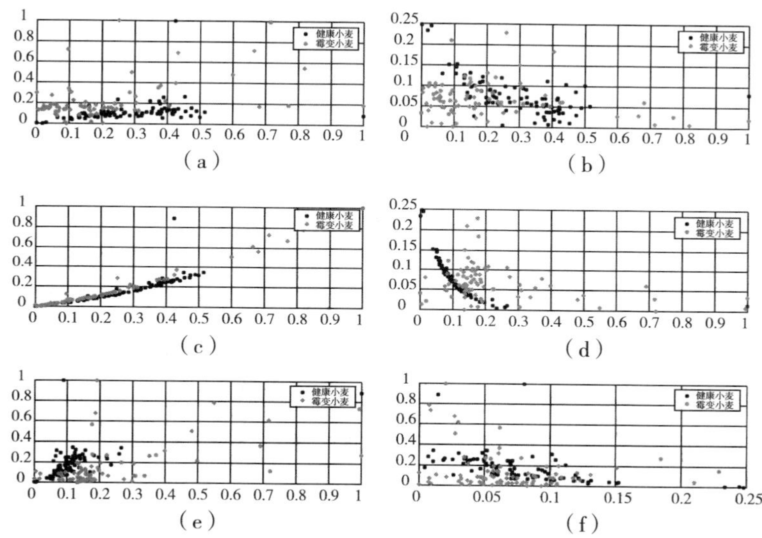

图 6–11　均值、方差、能量及 MApEn 值中任意两组合特征散点图

（a）均值和 MApEn 值；（b）方差和 MApEn 值；（c）能量和方差；（d）能量和均值；（e）均值和方差；（f）能量和 MApEn 值

为了进一步提高模型的识别准确率，使它能更好地反映初始数据的波动情况及放大健康小麦和霉变小麦的 UWL 信号之间的差异，在 MApEn 的基础上，本节重新提取了以下三种无量纲时域统计量，即波形率S_F（waveform rate）、歪度S_k（skewness）和峭度K_u（kurtosis），用它们构成新的特征向量，以尽量放大两类数据特征之间的差异。相应的计算公式如下：

S_F可表示为

$$S_F = \sigma / \overline{X} \tag{6-32}$$

S_k和K_u可分别表示为

$$S_k = \frac{\sum_{i=1}^{N}(|x_i| - \overline{X})^3}{\sigma^3} \tag{6-33}$$

$$K_u = \frac{\sum_{i=1}^{N}(|x_i| - \overline{X})^4}{\sigma^4} \tag{6-34}$$

式中，σ，$\overline{X}$分别为小麦样本初始 UWL 信号的标准差和均值，$x_i(1 \leqslant i \leqslant N)$为对应观测点的 UWL 信号强度。图 6-12 给出了秋乐种麦和感染 30% 黄曲霉毒素 B1 种麦的 MApEn 值、波形率、歪度及峭度中任意两组合特征散点图。从图 6-12 的前三幅包含 MApEn 值的组合特征来看，所构建的新的特征向量基本上能够将两类数据有效分离。将上述新构造的特征向量输入 LIBSVM 中进行模型训练和测试，在训练集上的识别准确率为 100.00%，测试集上的识别正确率为 97.14%。我们对 2017 年份自然霉变小麦和 2017 年份库存健康小麦，按照同样的方式进行特征属性提取，并构建成相同的特征向量输入到 LIBSVM 中进行模型训练和测试，在训练集上的识别准确率为 100.00%，测试集上的识别正确率为 94.29%。

为了能够更加直观地查验模型的分类性能，本节引入了受试者工作特征（receiver operating characteristic, ROC）曲线。ROC 曲线的具体机理如下：对于健康小麦和霉变小麦二分类问题而言，将健康小麦归类为正类（positive），霉变小麦归类为负类（negative）。这样对于测试集小麦样品而言，可能会出现四种分类结果：若测试集中的健康小麦样本被预测成健康小麦，则为真正类（true positive, TP），若霉变小麦被预测成健康小麦，则称之为假正类（false positive, FP）；若测试集中的霉变小麦样

本被预测成霉变小麦，即为真负类（true negative, TN），若健康小麦被预测成霉变小麦，则称之为假负类（false negative, FN），如表 6-2 所示。真正类率也称作敏感度（sensitivity），可由 TP/（TP+FP）×100% 计算出，表示在健康样本中真正类所占的比例；真负类率也叫特异度（specificity），可由 TN/（FN +TN）×100% 计算出，表示在霉变样本中真负类所占的比例；假正类率也叫漏判率，可由 FP/（TP+FP）×100% 算出，表示在判定为健康的样本中假正类所占的比例；假负类率也叫误判率，可由 FN/（FN+TN）×100% 算出，表示在判定为霉变的样本中假负类所占的比例。

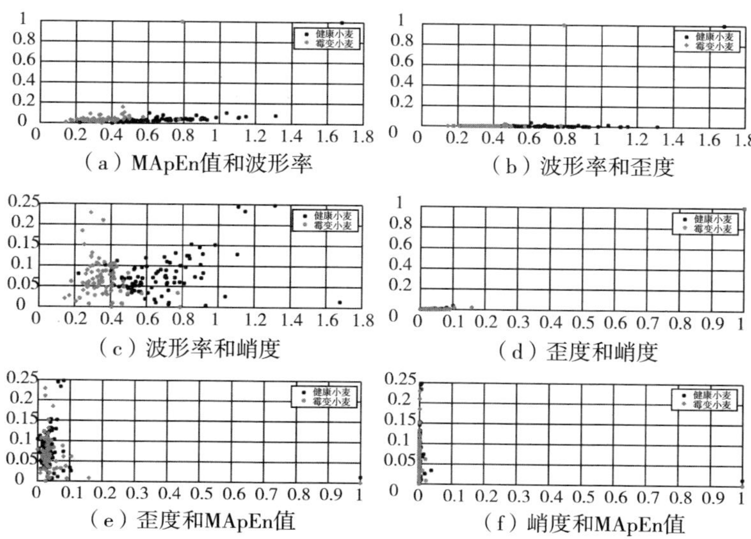

图 6-12　MApEN 值、波形率、歪度和峭度中任意两组合特征散点图

表6-2 小麦样品分类结果矩阵表

小麦测试集样本	判定为健康小麦样本	判定为霉变小麦样本	合计
健康小麦样本	真正类（TP）	假负类（FN）	TP+FN
霉变小麦样本	假正类（FP）	真负类（TN）	FP+TN
合计	TP+FP	FN+TN	TP+FN+FP+TN

图 6-13 显示了两组小麦测试样品分类结果的 ROC 曲线，图 6-13（a）表示携带 30% 黄曲霉毒素 B1 的秋乐种麦和秋乐健康种麦之间的分类性能，其中“—△—”表示以 MApEn 值、波形率、偏度和峰度为特征的分类性能，而“—⊖—”表示使用均值、方差、能量和 MApEn 值作为分类特征的分类性能；图 6-13（b）为库存 2017 年份健康小麦及其相应的霉变小麦样品之间的分类性能，两条线表示的含义与图 6-13（a）相同。从两幅图中的 ROC 曲线可以看出，以 MApEn 值为主要分类特征属性的两类特征向量在两组小麦样品分类测试中均表现出良好的性能，同时结合波形率、歪度和峭度特征值时能够获得更高的分类精度，实现了以无损和绿色的方式准确识别健康和霉变小麦的目的。

两组数据的综合验证不仅证明了用 MApEn 值来表示健康小麦和霉变小麦 UWL 信号特征并用于构建相应的分类模型是一种行之有效的办法，还再次充分验证了借助小麦籽粒 UWL 信号来解读其生理和生命状态是一种非常实用和有效的方式。

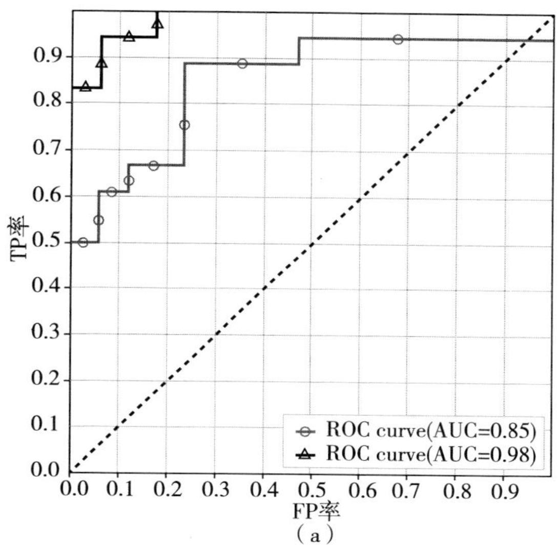

（a）

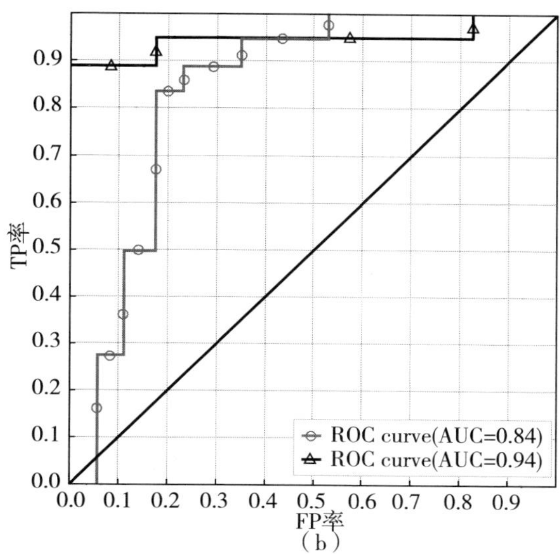

（b）

图 6–13　两组小麦样品测试集数据分类结果的 ROC 曲线

6.4 本章小结

本章分别针对霉变小麦和健康小麦的UWL信号所表现出不同复杂度的特点，提出了改进多尺度近似熵算法，分别用于对霉变小麦和健康小麦的UWL信号进行分析和特征提取。与传统的近似熵算法相比，在引入多尺度概念之后，多尺度近似熵算法对两类小麦UWL信号的表达精度得到了很大提升。从基于SVM算法构建的分类模型来看，本章构建的霉变小麦检测模型在两种类型小麦样本测试集上的分类准确率分别达到了97.14%和94.29%，验证了本章所搭建的霉变小麦检测模型达到了较高的分类精度，同时证明了利用生物自发光信号来解读生物体内部生命状态是一种行之有效的手段。

附录　符号说明

A——强度参量

$\boldsymbol{b}$——偏置

B——特征时间

C——相位因子

C_i^m——m个数中取r个数的组合数

D——单体的间隔

e_i——包络估值点

$e(t)$——包络估值函数

E——分子的能量

E_e——电子运动状态产生的能量

E_r——分子转动状态产生的能量

E_v——原子振动状态产生的能量

$E(T)$——积分强度

$\boldsymbol{G}$——梯度

hv——单个光子能量

$\boldsymbol{H}$——Hessian 矩阵

$H_P(m)$——排列熵

IV——甄别电平

I_0——初始发光强度

$\boldsymbol{J}$——雅可比矩阵

K——热力学温度

cd——光强单位

lx——光照度单位

$L(\boldsymbol{\theta})$——损失函数

m——嵌入维数

m_i——局部均值

$m(t)$——局部均值函数

n——共振腔内光子总数

n_0——初始光子数目

$\dot{n}(t)$——激发态分子布居数

N——数据长度

$\boldsymbol{o}^L$——实际输出值

$PF_p(t)$——积函数

Q——品质因子

$R'(t)$——光子发射率

$R''(t)$——光子吸收率

$\Re^n$——实数空间

s——尺度因子

S——储存能量

V——电压单位（伏特）

W——每周期能量损耗

w_i——分子的能级

$\boldsymbol{w}$——权重参数

$\boldsymbol{x}'$——中心向量

$\boldsymbol{y}$——期望输出值

$|\alpha_1\rangle$——基态

$|\alpha_2\rangle$——激发态

$|\alpha_3\rangle$——振动态

τ——相干时间

β——指数衰减因子

Σ——只有排斥作用的基态

Σ^*——具有束缚作用的激发态

∇——矢量微分算子

η——学习率

$(\cdot)^{\mathrm{T}}$——矩阵的转置

σ——高斯函数的核宽

$\varphi_p(t)$——瞬时相位函数

$\omega_p(t)$——瞬时频率函数

argmin——计算某个函数的最小值

$\oplus$——异或运算

$|\cdot|$——绝对值

$\|.\|$——2 范数

参考文献

[1] BARENBOIM G M, DOMANSKII A N, TUROVEROV K K. Luminescence of biopolymers and cells[M]. New York, London: Plenum Press, 1969.

[2] HE M, SUN M M, VAN W E, et al. A Chinese literature overview on ultra-weak photon emission as promising technology for studying system-based diagnostics[J]. Complementary Therapies in Medicine, 2016, 25: 20-26.

[3] BURGOS R C, RAMAUTAR R, VAN W E, et al. Pharmacological targeting of ROS reaction network in myeloid leukemia cells monitored by ultra-weak photon emission[J]. Oncotarget, 2018, 9(2): 2028-2034.

[4] SORDILLO P P, SORDILLO L A. The mystery of chemotherapy brain: kynurenines, tubulin and biophoton release[J]. Anticancer Research, 2020, 40(3): 1189-1200.

[5] PANG J X, FU J L, YANG M N, et al. Correlation between the different therapeutic properties of Chinese medical herbs and delayed luminescence[J]. Luminescence, 2016, 31(2): 323-327.

[6] PERVEEN R, JAMIL Y, JAVED Y, et al. A comprehensive study on pulsed Nd:YAG laser irradiation of maize kernels:

measurement of biophoton emissions, metabolite levels and thermodynamical attributes during germination[J]. Arabian Journal for Science and Engineering, 2021, 47(6): 1–15.

[7] LIANG Y T, SONG H X, LIU Q, et al. Study on spectrum estimation in biophoton emission signal analysis of wheat varieties[J]. Mathematical Problems in Engineering, 2014, 2014: 1–9.

[8] KOMATSU S, KAMAL A H M, MAKINO T, et al. Ultraweak photon emission and proteomics analyses in soybean under abiotic stress[J]. Biochimica et Biophysica Acta, 2014, 1844(7): 1208–1218.

[9] SHI W Y, JIAO K K, LIANG Y T, et al. Efficient detection of internal infestation in wheat based on biophotonics[J]. Journal of Photochemistry and Photobiology B: Biology, 2016, 155: 137–143.

[10] DUAN S S, WANG F, ZHANG Y. Research on the biophoton emission of wheat kernels based on permutation entropy[J]. Optik–International Journal for Light and Electron Optics , 2019, 178: 723–730.

[11] QIAO L H, JIA M M, LIANG Y T, et al. Spectrum analysis of insect–damaged wheat BPE signal based on CEEMD[J]. Optik–International Journal for Light and Electron Optics, 2017, 150: 62–67.

[12] GONG Y H, YANG T J, LIANG Y T, et al. Comparative assessments between conventional and promising technologies

for wheat aging or mold detection[J]. Cereal Research Communications, 2021, 49(4): 1-9.

[13] HU H S, NIU Q F, CUI B Y. Research on ultra-weak bioluminescence detection and features for fresh corn[J]. Applied Mechanics and Materials, 2015, 3759: 239-243.

[14] PRADHAN P, GUO S X, RYABCHYKOV O, et al. Deep learning a boon for biophotonics?[J]. Journal of Biophotonics, 2020, 13(6): e201960186.

[15] SAVARY S, WADDINGTON S, AKTER S, et al. Revisiting food security in 2021: an overview of the past year[J]. Food Security, 2022, 14(1): 1-7.

[16] IBRAHIM H, EL-RAYES K, HASHASH Y. Optimizing the storage and transportation of wheat in developing countries[J]. Applied Engineering in Agriculture, 2015, 31(4): 669-678.

[17] 王佩琦，高兰．我国粮食产后损失情况概述 [J]. 现代食品，2021(6): 1-4.

[18] ZHANG S B, LV Y Y, WANG Y L, et al. Physiochemical changes in wheat of different hardnesses during storage[J]. Journal of Stored Products Research, 2017, 72: 161-165.

[19] TIAN P P, LV Y Y, YUAN W J, et al. Effect of artificial aging on wheat quality deterioration during storage[J]. Journal of Stored Products Research, 2019, 80: 50-56.

[20] 张玉荣，张晓，田甜，等．加速陈化过程中小麦品质变化及陈化指标筛选 [J]. 河南工业大学学报（自然科学版）, 2020, 41(5): 91-97.

[21] 国家粮食局 . 小麦储存品质判定规则 : GB/T 20571-2006[S]. 北京：国家粮食局标准质量中心 , 2006.

[22] 张欢欢 , 吴小良 , 祁鸣 , 等 . 小麦新陈度鉴定的现状分析和新方法探讨 [J]. 粮食加工 , 2016, 41(3): 17-20.

[23] 顾樵 . 生物光子学 [M]. 3 版 . 北京：科学出版社，2016.

[24] TURRENS J F. Mitochondrial formation of reactive oxygen species[J]. The Journal of Physiology, 2003, 552(2): 335-344.

[25] LI N, PENG D L, ZHANG X J, et al. Demonstration of biophoton-driven DNA replication via gold nanoparticle-distance modulated yield oscillation[J]. Nano Research, 2020, 14(1): 1-6.

[26] KESZTHELYI S, PONYA Z, CSOKA A, et al. Non-destructive imaging and spectroscopic techniques to investigate the hidden-lifestyle arthropod pests: a review[J]. Journal of Plant Diseases and Protection, 2020, 127(3): 1-13.

[27] KAMAL A H M, KOMATSU S. Proteins involved in biophoton emission and flooding-stress responses in soybean under light and dark conditions[J]. Molecular Biology Reports, 2016, 43(2): 73-89.

[28] NEMATOLLAHI M A, ALINASAB Z, NASSIRI S M, et al. Ultra-weak photon emission: a nondestructive detection tool for food quality and safety assessment[J]. Quality Assurance and Safety Crops&Foods, 2020, 12: 18-31.

[29] CORDEIRO A C, FABRIS J L, COUTO G H, et al. Water assessment using ultra-weak bioluminescence[J]. Journal of

Photochemistry and Photobiology B: Biology, 2017, 177: 39-43.

[30] CHOI J R, KIM D, MENOUAR S, et al. Classical analysis of time behavior of radiation fields associated with biophoton signals[J]. Technology and Health Care, 2016, 24(s2): S577-S585.

[31] 何学超 , 郭道林 , 冯永建 , 等 . 小麦新陈快速鉴别方法的研究 [J]. 粮食储藏 , 2006(1): 42-45.

[32] 王业海 , 李志民 , 徐桂玲 , 等 . 使用愈创木酚快速测定稻谷新陈度方法的研究 [J]. 粮食储藏 , 2016, 45(2): 45-48.

[33] 杨慧萍 , 吴梅干 , 古柳波 . 应用四氮唑盐染色法判断小麦新陈度 [J]. 面粉通讯 , 2004(4): 44-47.

[34] 郭琳琳 , 孙丽琴 , 刘继明 . 储藏过程中小麦粉脂肪酸值变化规律的研究 [J]. 粮食储藏 , 2006(1): 46-48.

[35] 任希艳 , 赵景鹏 , 焦洪超 , 等 . 饲用小麦熟化度快速鉴定方法的研究 [J]. 动物营养学报 , 2019, 31(9): 4331-4338.

[36] BREZMES J, LLOBET E, VILANOVA G, et al. Fruit ripeness monitoring using an electronic nose[J]. Sensors and Actuators B: Chemical, 2000, 69(3): 223-229.

[37] RITABAN D, HINES E L, GARDNER J W, et al. Tea quality prediction using a tin oxide-based electronic nose: an artificial intelligence approach[J]. Sensors and Actuators B: Chemical, 2003, 94(2): 228-237.

[38] PERIS M, ESCUDER-GILABERT L. A 21st century technique for food control: Electronic noses[J]. Analytica Chimica Acta, 2009, 638(1): 1-15.

[39] 庞林江，王俊，路兴花．电子鼻判别小麦陈化年限的检测方法研究 [J]. 传感技术学报，2007(8): 1717-1722.

[40] 葛宏义，蒋玉英，马海华，等．小麦新陈度的 THz 快速无损检测研究 [J]. 光散射学报，2015, 27(2): 191-194.

[41] WANG D, PAN L G, LIU L H, et al. Research on rapid and non-destructive identification of aging wheat base on ART-Terahertz spectroscopy combined with PLS-DA[J], Spectroscopy and Spectrum Analysis, 2016, 36(7): 2036-2041.

[42] NICOLAI B M, BEULLENS K, BOBELYN E, et al. Nondestructive measurement of fruit and vegetable quality by means of NIR spectroscopy: A review[J]. Postharvest Biology and Technology, 2007, 46(2): 99-118.

[43] YANG F, ZHANG Q Z, HUANG S Y, et al. Recent advances of near infrared inorganic fluorescent probes for biomedical applications[J]. Journal of Materials Chemistry B, 2020, 8(35): 7856-7879.

[44] KATO T, WAKIYAMA H, FURUSAWA A, et al. Near infrared photoimmunotherapy: a review of targets for cancer therapy[J]. Cancers, 2021, 13(1): 2535.

[45] SALIM N R, SRINATH V, JAYARAMAN U, et al. Recognition in the near infrared spectrum for face, gender and facial expressions[J]. Multimedia Tools and Applications, 2022, 81(3): 1-20.

[46] FU X P, YING Y B. Food safety evaluation based on near

infrared spectrum and imaging: a review[J]. Critical Reviews in Food Science and Nutrition, 2016, 56(11): 1913-1924.

[47] ALISHAHI A, FARAHMAND H, PRIETO N, et al. Identification of transgenic foods using NIR spectroscopy: a review[J]. Spectrochimica Acta Part A: Molecular and Biomolecular Spectroscopy, 2009, 75(1): 1-7.

[48] KAYS S E, ARCHIBALD D D, SOHN M. Prediction of fat in intact cereal food products using near-infrared reflectance spectroscopy[J]. Journal of the Science of Food and Agriculture. 2005, 85(9): 1596-1602.

[49] 杨慧萍，宋伟，袁建，等．小麦陈化度鉴别方法初探 [J]. 中国粮油学报，2004(6): 23-26.

[50] 刘飞，李挺，刘刚．不同储藏年份小麦和红豆的红外光谱研究 [J]. 光散射学报，2010, 22(2): 186-189.

[51] CHEN H X, AN S Z, LI W J, et al. Enhancement of the Mehler-Peroxidase reaction in Sait-stressed rumex K-1 Leaves[J]. Acta Botanica Sinica, 2004, 46(7): 811-818.

[52] LIU K, SUN J, XU Y K, et al. Singlet oxygen generate in PSⅡ particles promotes thesuperoxide generation[J]. Acta Botanica Sinica, 2001, 43(9): 988-990.

[53] CHEN W L, XING D, HE Y H. Determination the vigor of rice seed with different degrees of aging with ultra weak chemiluminescence during early imbibition[J]. Acta Botanica Sinica, 2002, 44(11): 1376-1379.

[54] 侯仙慧，廖祥儒，李颖，等．苋菜种子萌发过程的超微弱发

光及其机理研究 [J]. 种子 , 2004, 23(7): 23–27.

[55] 顾樵 . 生物系统的超弱光子辐射 [J]. 量子电子学 , 1988(2): 97–108.

[56] GUO J L, ZHU G Y, LI L G, et al. Ultraweak photon emission in strawberry fruit during ripening and aging is related to energy level[J]. Open Life Science, 2017, 12(1): 393–398.

[57] YAN Y, POPP F A, SIGRIST S, et al. Further analysis of delayed luminescence of plants[J]. Journal of Photochemistry & Photobiology, B: Biology, 2005, 78(3): 235–244.

[58] HAVAUX M. Spontaneous and thermoinduced photon emission: new methods to detect and quantify oxidative stress in plants[J]. Trends in Plant Science, 2003, 8(9): 409–413.

[59] POPP F A. Coherent photon storage of biological systems[J]. Electromagnetic Bio-information, 1989: 144–167.

[60] SVELTO O S. Principles of lasers[M]. 4th ed. New York, London: Plenum Press, 1998.

[61] AGARWAL G S, JHA S S. Theory of resonant Raman scattering of intense optical waves[J]. Journal of Physics B: Atomic and Molecular Physics, 1979, 12(6): 2655–2671.

[62] AGARWAL G S. Quantum statistical theories of spontaneous emission and their relation to other approaches [J]. Quantum Optics, 1974, 1–129.

[63] 冯攀屹 , 王晓曦 , 董秋晨 , 等 . 小麦后熟作用对其品质变化的影响 [J]. 粮食加工 , 2010, 35(5): 37–39.

[64] CHRISTOPH B, BERNDT P. Permutation entropy: a natural

complexity measure for time series[J]. Physical Review Letters, 2002, 88(17): 4102.

[65] GONG Y H, YANG T J, LIANG Y T. Integrating ultra weak luminescence properties and multi-scale permutation entropy algorithm to analyze freshness degree of wheat kernel[J]. Optik-International Journal for Light and Electron Optics, 2020, 218: 165099.

[66] AZIZ W, ARIF M. Multiscale permutation entropy of physiological time series[C]//2005 Pakistan Section Multitopic Conference, December 24-25, 2005, Karachi, Pakistan. Los Alamitos: IEEE Computer Society Press, 2005: 1-6.

[67] 李政，魏文军. 基于改进多尺度排列熵的 S700K 转辙机故障诊断 [J]. 兰州交通大学学报，2021, 40(2): 50-57, 65.

[68] COSTA M, PENG C K, GOLDBERGER A L, et al. Multiscale entropy analysis of human gait dynamics[J]. Physica A: Statistical Mechanics and its Applications, 2003, 330(1): 53-60.

[69] WU S D, WU C W, LIN S G, et al. Analysis of complex time series using refined composite multiscale entropy[J], Physics Letters A, 2014, 378(20): 1369-1374.

[70] SMITH J S. The local mean decomposition and its application to EEG perception data[J]. Journal of the Royal Society Inference, 2005, 2(5): 443-454.

[71] SHEN Y, ZHU Y Q, DU J G, et al. A fast learn++.NSE classification algorithm based on weighted moving average[J].

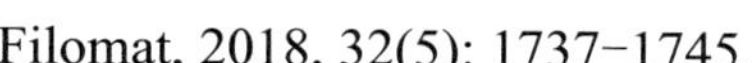
Filomat, 2018, 32(5): 1737-1745.

[72] MARIANO M G. A non-parametric test for independence based on symbolic dynamics[J]. Journal of Economic Dynamics and Control, 2007, 31(12): 3889-3903.

[73] LI Y, XU M, WEI Y, et al. A new rolling bearing fault diagnosis method based on multiscale permutation entropy and improved support vector machine based binary tree[J]. Measurement, 2016, 77: 80-94.

[74] RUMELHART D E, HINTON G E, WILLIAMS R J. Learning representations by back-propagating errors[J]. Nature, 1986, 323(6088): 533-536.

[75] ZHANG J P, GAO P F, FANG F. An ATPSO-BP neural network modeling and its application in mechanical property prediction[J]. Computational Materials Science, 2019, 163: 262-266.

[76] MASOUMI A, GHASSEM S, HOSSEINI S H, et al. Application of neural network and weighted improved PSO for uncertainty modeling and optimal allocating of renewable energies along with battery energy storage[J]. Applied Soft Computing, 2020, 88: 1059-1079.

[77] LI L, FU Y F, JIMMY C H, et al. Development of a back-propagation neural network and adaptive grey wolf optimizer algorithm for thermal comfort and energy consumption prediction and optimization[J]. Energy and Buildings, 2021, 253: 111439.

[78] ZOU M, XUE L, GAI H J, et al. Identification of the shear parameters for lunar regolith based on a GA-BP neural network[J]. Journal of Terramechanics, 2020, 89: 21–29.

[79] XIAO R G, LI K, SUN L Y, et al. The prediction of liquid holdup in horizontal pipe with BP neural network[J]. Energy Science & Engineering, 2020, 8(6): 2159–2168.

[80] HAN F, ZHU J S. Improved particle swarm optimization combined with backpropagation for feedforward neural networks[J]. International Journal of Intelligent Systems, 2013, 28(3): 271–288.

[81] LI H Y, CHEN H, WU Y, et al. Prediction of two-dimensional topography of laser cladding based on neural network[J]. International Journal of Modern Physics B: Condensed Matter Physics; Statistical Physics; Atomic Molecular and Optical Physics, 2019, 33(1–3): 7.

[82] FAN Q, GAO D Q. A fast BP networks with dynamic sample selection for handwriting recognition[J]. Pattern Analysis and Applications, 2018, 21(1): 67–80.

[83] RUBIO J D J. Stability analysis of the modified Levenberg-Marquardt algorithm for the artificial neural network training[J]. IEEE Transactions on Neural Networks and Learning Systems, 2020, 32(8): 3510–3524.

[84] CHEN P. Hessian matrix vs. Gauss-Newton hessian matrix[J]. Siam Journal on Numerical Analysis, 2011, 49(314): 1417–1435.

[85] PETRA C G, CHIANG N, ANITESCU M. A structured quasi-Newton algorithm for optimizing with incomplete Hessian information[J]. SIAM Journal on Optimization, 2019, 29(2): 1048–1075.

[86] MERCER J. Functions of positive and negative type, and their connection with the theory of integral equations[J]. Proceedings of the Royal Society of London. Series A, Containing Papers of a Mathematical and Physical Character, 1909, 83(559): 69-70.

[87] 周志华 . 机器学习 [M]. 北京 : 清华大学出版社 , 2018.

[88] LEE C, KIM D, AHN J H. Implementation of an arbitrary waveform generator for built-out self-test[J]. Journal of the Semiconductor & Display Technology, 2021, 20(3): 146-151.

[89] WALSH J L. A closed set of normal orthogonal functions[J]. American Journal of Mathematics, 1923, 45(1): 5-24.

[90] 张其善 , 金明录 . 信号复制生成理论及应用 [M]. 北京 : 人民邮电出版社 , 2001.

[91] THOMAS G D, GHULUM B. Solving multiclass learning problems via error-correcting output codes[J]. The Journal of Artificial Intelligence Research, 1995, 2: 263-286.

[92] LIANG M M, ZHOU T, ZHANG F F, et al. Research on convolutional neural network and its application on medical image[J]. Journal of Biomedical Engineering, 2018, 35(6): 977-985.

[93] SCHMIDHUBER J. Deep learning in neural networks: an

overview[J]. Neural Networks, 2015, 61: 85-117.

[94] HOCHREITER S, SCHMIDHUBER J. Long short-term memory[J]. Neural Computation, 1997, 9(8): 1735-1780.

[95] GRAVES A, SCHMIDHUBER J. Framewise phoneme classification with bidirectional LSTM and other neural network architectures[J]. Neural Networks, 2005, 18(516): 602-610.

[96] TOWNSEND J T. Theoretical analysis of an alphabetic confusion matrix[J]. Perception & Psychophysics, 1971, 9(1): 40-50.

[97] RIGLER A K, VOGL T P. Spline functions: an alternative representation of aspheric surfaces[J]. Applied Optics, 1971, 10(7): 1648-1651.

[98] DENG C Y, YANG X N. A local fitting algorithm for converting planar curves to B-splines[J]. Computer Aided Geometric Design, 2008, 25(9): 837-849.

[99] NING Y G, YUE M, DING L, et al. Time-optimal point stabilization control for WIP vehicles using quasi-convex optimization and B-spline adaptive interpolation techniques[J]. IEEE Transactions on Systems, Man, and Cybernetics: Systems, 2019, 51(5): 1-11.

[100] CHEMINET A, OSTOVAN Y, VALORI V, et al. Optimization of regularized B-spline smoothing for turbulent Lagrangian trajectories[J]. Experimental Thermal and Fluid Science, 2021, 127: 110376.

[101] MIN K, LEE C H, YAN C Y, et al. Six-dimensional B-spline fitting method for five-axis tool paths[J]. The International Journal of Advanced Manufacturing Technology, 2020, 107: 1-14.

[102] EJLALI N, HOSSEINI S M, YOUSEFI S A. B-spline spectral method for constrained fractional optimal control problems[J]. Mathematical Methods in the Applied Sciences, 2018, 41(14): 5466-5480.

[103] SIDDIQI S S, YOUNIS M. Construction of m-point binary approximating subdivision schemes[J]. Applied Mathematics Letters, 2013, 26(3): 337-343.

[104] ZHANG S G, ZHU C G, GAO Q J. High accuracy B-spline quasi-interpolants and applications in numerical analysis[J]. Applicable Analysis, 2023, 102(7): 2035-2054.

[105] HUANG N E, SHEN Z, LONG S R, et al. The empirical mode decomposition and the Hilbert spectrum for nonlinear and non-stationary time series analysis[J]. Proceedings of the Royal Society A: Mathematical, Physical and Engineering Sciences, 1998, 454(1971): 903-995.

[106] ZHENG J D, PAN H Y. Mean-optimized mode decomposition: an improved EMD approach for non-stationary signal processing[J]. ISA Transactions, 2020, 106: 392-401.

[107] CHEN D Y, LIN J H, LI Y P. Modified complementary ensemble empirical mode decomposition and intrinsic mode

functions evaluation index for high-speed train gearbox fault diagnosis[J]. Journal of Sound and Vibration, 2018, 424: 192-207.

[108] CHENF Y, WANG Z W, CHEN B Y, et al. An improved complementary ensemble empirical mode decomposition with adaptive noise and its application to rolling element bearing fault diagnosis[J]. ISA Transactions 2019, 91: 218-234.

[109] SONG D Q, LIU X L, HUANG J, et al. Energy-based analysis of seismic failure mechanism of a rock slope with discontinuities using Hilbert-Huang transform and marginal spectrum in the time-frequency domain[J]. Landslides, 2020, 18: 1-19.

[110] XU C W, CHAI Y Z, LI H Y, et al. A feature extraction method for the wear of milling tools based on the Hilbert marginal spectrum[J]. Machine Science and Technology, 2019, 23(6): 847-868.

[111] MILANI J M. Ecological conditions affecting mycotoxin production in cereals: a review [J]. Veterinarni Medicina, 2013, 63: 405-411.

[112] HESHMATI A, ZOHREVAND T, KHANEGHAH A M, et al. Co-occurrence of aflatoxins and ochratoxin A in dried fruits in Iran: dietary exposure risk assessment [J]. Food and Chemical Toxicology, 2017, 106(PA): 202-208.

[113] 邹小波 , 赵杰文 . 电子鼻快速检测谷物霉变的研究 [J]. 农业工程学报 , 2004(4): 121-124.

[114] 赵天霞，沈飞，周日春，等．小麦霉菌侵染程度电子鼻快速检测方法的初步研究 [J]. 中国粮油学报，2019, 34(6): 135-140, 146.

[115] 沈飞，吴启芳，魏颖琪，等．谷物霉菌挥发性物质的电子鼻与 GC-MS 检测研究 [J]. 中国粮油学报，2016, 31(7): 148-152, 156.

[116] 秦建平，张元，廉飞宇，等．小麦霉菌的早期检测技术分析与展望 [J]. 农业机械，2012(27): 73-76.

[117] GE H Y, JIANG Y Y, LIAN F Y, et al. Nondestructive evaluation of wheat quality using terahetertz time domain spectroscopy [J]. Spectroscopy and Spectral Analysis, 2014, 34(11): 2897-2900.

[118] GE H Y, JIANG Y Y, ZHANG Y, et al. Study on nondestructive detection of wheat quality by using THz spectroscopy and multisource information fusion [J]. Spectroscopy and Spectral Analysis, 2017, 37(11): 3338-3342.

[119] ARAZURI S, ARANA J I, ARIAS N, et al. Rheological parameters determination using near infrared technology in whole wheat grain [J]. Journal of Food Engineering, 2012, 111(1): 115-121.

[120] JIANG X S, ZHAO T X, LIU X, et al. Study on method for on-line identification of wheat mildew by array fiber spectrometer [J]. Spectroscopy and Spectral Analysis, 2018, 38(12): 3729-3735.

[121] FEMENIAS A, GATIUS F, RAMOS A J, et al. Near-infrared

hyperspectral imaging for deoxynivalenol and ergosterol estimation in wheat samples [J]. Food Chemistry, 2021, 341(P2): 128206.

[122] 杨玉琴，姚楚水，古希波，等. 平板菌落自动识别计数方法的研究 [J]. 中国消毒学杂志，2001(3): 141-144.

[123] SUSANA V, BLANCA E M C, SOFIA M A M, et al. Dynamic light scattering: a fast and reliable method to analyze bacterial growth during the lag phase [J]. Journal of Microbiological Methods, 2017, 137: 34-39.

[124] ENGVALL E, PERLMANN P. Enzyme-linked immunosorbent assay(ELISA): quantitative assay of immunoglobulin G [J]. Immunochemistry, 1971, 8(9): 871-874.

[125] VAN W B K, SCHUURS A, RAYMAKERS H H T, et al. Immunoassay using hapten-enzyme conjugates [J]. FEBS Letters, 1972, 24(1): 77-81.

[126] MEENA S, NIRUPMA S, RAM D, et al. Comparative study of qualitative and quantitative methods to determine toxicity level of Aspergillus flavus isolates in maize [J]. Plos One, 2017, 12(12): e0189760.

[127] EKENE V E, ONYINYE J O, JOHN A N. Comparative analysis of two microbiological tests in the detection of oxytetracycline residue in chicken using ELISA as gold standard [J]. Journal of Immunoassay and Immunochemistry, 2019, 40(6): 617-629.

[128] JENNIFER R M, HOLLAND W C, DEVON M K, et al. Improved accuracy of saxitoxin measurement using an optimized enzyme-linked immunosorbent assay [J]. Toxins, 2019, 11(11): 632.

[129] REIN S, ESPLUGAS M, GARCIA E M, et al. Immunofluorescence analysis of sensory nerve endings in the interosseous membrane of the forearm [J]. Journal of Anatomy, 2020, 236(5): 906-915.

[130] FU G, SOBOYEJO W O. Cell/surface interactions of human osteo-sarcoma (HOS) cells and micro-patterned polydimelthylsiloxane (PDMS) surfaces [J]. Materials Science and Engineering: C, 2009, 29(6): 2011-2018.

[131] ZHAO A M, JIE J C, WANG D Y. Determination of deoxynivalenol content in wheatand its products by HPLC and quantum dot immuneofluorescence chromatography [J]. Food Science and Technology, 2019, 44(9): 332-336.

[132] 李圆圆 . 粮食霉变及其快速检测技术研究进展 [J]. 粮食科技与经济 , 2020, 45(6): 89-90.

[133] LESLAW K, GRZEGORZ H. Application of the kolmogorov-sinai entropy in determining the yield point, as exemplified by the EN AW-7020 alloy[J]. Journal of KONBiN, 2019, 49(3): 241-269.

[134] SHAKILA B, MUJAHID R. A new weighted rayleigh distribution: properties and applications on lifetime time data [J]. Open Journal of Statistics, 2018, 8: 640-650.

[135] PINCUS S M. Approximate entropy as a measure of system complexity [J]. Proceedings of the National Academy of Science, 1991, 88(6): 2297-2301.

[136] 洪波，唐庆玉，杨福生，等 . 近似熵、互近似熵的性质、快速算法及其在脑电与认知研究中的初步应用 [J]. 信号处理 , 1999(2): 100-108.

[137] COSTA M, GOLDBERGER A L, PENG C K. Multiscale entropy analysis of complex physiologic time series [J]. Physical Review Letters, 2002, 89(6): 068102.

[138] CORTES C, VAPNIK V. Support-vector networks [J]. Machine Learning, 1995, 20: 273-297.

[139] 蔡春 . 支持向量机数据扰动分析 [M]. 清华大学出版社 , 2019.

[140] 邓乃扬，田英杰 . 数据挖掘中的新方法——支持向量分类机 [M]. 北京：科学出版社 , 2004.

索　引